WebGL 开发与应用

郑 华 张云佐 著

中国铁道出版社

CHINA RAILWAY PUBLISHING HOUSE

内 容 简 介

WebGL 是一项新的 Web 3D 图形标准，也是 HTML5 大家庭中的一员。本书从 WebGL 和 3D 图形学的基础概念讲起，循序渐进，用简单的实例直观地讲解了各个知识点，随后又理论结合实际，介绍了在现实开发环境中需要注意的各种问题，在最后一章，把全书所有讲过的知识综合到一起，讲解了一个完整的基于 WebGL 的 MIS 系统开发过程，让读者能够基本了解 WebGL 这一新技术的开发流程，以便读者可以独立开发自己的 WebGL 应用程序。

本书适合作为高等院校计算机相关专业 WebGL 类课程的教材，也适合 Web 开发人员及对 3D 开发感兴趣的读者参考阅读。

图书在版编目（CIP）数据

WebGL 开发与应用 / 郑华，张云佐著 . —北京：中国铁道
出版社，2017. 12（2019. 1 重印）
ISBN 978-7-113-24082-0

Ⅰ. ①W… Ⅱ. ①郑… ②张… Ⅲ. ①网页制作工具 – 程序
设计 – 高等职业教育 – 教材 Ⅳ. ① TP392. 092. 2

中国版本图书馆 CIP 数据核字（2017）第 297810 号

书　　名：WebGL 开发与应用
作　　者：郑 华　张云佐　著

策　　划：侯 伟　孙晨光　　　　　　　　　读者热线：（010）63550836
责任编辑：秦绪好　徐盼欣
封面设计：刘　颖
责任校对：张玉华
责任印制：郭向伟

出版发行：中国铁道出版社（100054，北京市西城区右安门西街 8 号）
网　　址：http://www.tdpress.com/51eds/
印　　刷：三河市航远印刷有限公司
版　　次：2017 年 12 月第 1 版　　2019 年 1 月第 2 次印刷
开　　本：787 mm×1 092 mm　1/16　印张：10.75　字数：245 千
书　　号：ISBN 978-7-113-24082-0
定　　价：28.00 元

2012 年底，在一个 MIS 系统开发过程中，编者碰到了一个如何在 Web 页面中展示三维模型的问题，在多次的方案讨论过程中，偶然发现了 WebGL 这个新名词，当时编者并不清楚它究竟能干什么，也不清楚如何使用它，只是知道它是一个面向 Web 的无插件的 3D 引擎。之后的两年中，编者不断探索 WebGL 的开发问题，并逐步接触了 Three.js 引擎、Sim.js 框架等基于 WebGL 的开发工具。随着微软 Internet Explorer 11.0 对 WebGL 的支持，WebGL 迎来了新一轮发展的春天，正是在这种形式下，编者萌生了撰写《WebGL 开发与应用》一书的想法，因为在国内，这方面的资料非常稀少，几乎没有可供参考的书目。

本书共分 6 章，分别是：入门篇、基础篇、交互篇、动画篇、应用篇和基于 WebGL 的 MIS 系统开发。在由浅入深地对 WebGL 的各个知识点进行了讲解之后，在最后一章重点讲解了如何将 WebGL 与传统的软件开发相结合的问题，在传统的 Web3D 方案中，它们都是依赖插件的，而插件由各公司或厂商主导，WebGL 的兴起彻底地解决了这个问题。本书可以在一定程度上推进这一新技术的应用，在虚拟现实、管理信息系统等方面带来全新的用户体验。

WebGL 是一个全新的领域，其标准由科纳斯（Khronos）组织开发和维护，该组织致力于软件的开源，基于 WebGL 的很多二次开发包也都是开源的，这也导致了帮助文档严重不足的现状。在编写本书的过程中，编者不得不通过反复阅读源代码的方式去理解其内部的工作原理，这为本书的编写增加了不少难度。最终成稿时，还参考了很多互联网资料；请教了石家庄铁路职业技术学院的一些数学老师；邀请了一些 3D 建模方向的学生，做了大量的试验。没有他们的无偿帮助，将难以完成书稿，在此对他们一并表示感谢。

本书适用于对 3D 感兴趣的 Web 开发人员，读者最好具备一些计算机图形学、线性代数和 JavaScript 编程方面的基础知识。

作　者

2017 年 11 月

CONTENTS **目 录**

目录

目 录 CONTENTS

CONTENTS 目录

目 录 CONTENTS

CONTENTS 目 录

入门篇

Web 自 20 世纪 90 年代初诞生以来，经过 20 多年的发展，现在已经成为 Internet 上最重要、最普及的应用，从 HTML1.0 发展到 2.0、3.0、4.0、XHTML 以及现在的 HTML5.0。但至今为止，主流的 Web 页面仍然是二维的，随着 3D 技术的日益普及，Web 技术正朝着 3D 方向发展。传统的 3D 页面开发技术主要包括：

1．Flash 3D

Flash 的前身是 Future Wave 公司的 Future Splash，是世界上第一个商用的二维矢量动画软件，用于设计和编辑 Flash 文档。1996 年，美国 Macromedia 公司收购了 Future Wave，并将其改名为 Flash。2005 年，Macromedia 被 Adobe 公司收购。目前，Flash 动画在 Web 上的应用已经非常普及，Internet 上大多数视频都是基于 Flash 播放器的，如优酷、土豆、酷6、搜狐等。正是由于 Flash 在实际中的普遍应用，Flash 3D 引擎也很多，如 Papervision 3D、Alternativa 3D、Away 3D、Sandy 3D、Flash Player 10 等，但它们都不是开源的，而且必须安装 Flash 插件才能运行。

2．Unity 3D

Unity 是由 Unity Technologies 公司开发的一个可以轻松创建三维视频游戏、建筑可视化、实时三维动画等类型的多平台综合型游戏开发工具，是一个全面整合的专业游戏引擎，可发布游戏至 Windows、Mac、Wii、iPhone 和 Android 平台，也可以利用 Unity Web Player 插件发布网页游戏、手机游戏，支持 Mac 和 Windows 的网页浏览。游戏开发是 Unity 3D 的主要应用，熟悉 C# 或 JavaScript 的开发者，可以轻松入门。其典型的产品有 PC 游戏《新仙剑》《将魂三国》《QQ 乐团》和手机游戏《神庙逃亡》《极限摩托车》《公路战士》等。和 Flash 一样，Unity 也不是开源的，基于网页的应用也需要安装插件才能运行，而且 Unity 3D 的针对性很强，即主要针对游戏开发。

3．CopperCube

CopperCube 是由 Ambiera 公司开发的一款用于创建交互式 3D 场景的软件，著名的 3D 引擎 Irrlicht 即是该公司的产品，它可制作从最简单三维全景到复杂的完整三维游戏。Coppercube 可将场景、资源、逻辑直接导出成引擎支持的场景文件，不需编写代码即可生成简单的游戏或应用，并可由 Irrlicht 引擎导出成 Flash-swf、HTML5-Canvas、Android-app 或者独立的 Windows-exe 文件，是一款很有前途的 3D 开发工具，但 CopperCube 是一个商用软件，并不是一个公共标准，用户需要购买使用。

4．Silverlight

Silverlight 中文名"微软银光"，是由 Microsoft 推出的一种新的 Web 呈现技术，能在各种平台上运行。对于 Web 用户来说，Silverlight 是一个简单的浏览器插件，用户只要安装了这个插件程序，就可以在 Windows 和 Macintosh 上的多种浏览器中运行相应版本的 Silverlight 应用程序；对于开发者来说，它提供了一套开发框架，并通过使用基于向量的图层技术，支持任何尺寸图像的无缝整合，对基于 asp.net、AJAX 在内的 Web 开发环境实现了无缝连接。Silverlight 运行在 .NET 3.0 以上，它不是开源的，对于 Web 来说仍然需要安装插件。

在工业需求的推进下，HTML5 于 2004 年被 Whatwg 提出，2007 年被 W3C 接纳，2008 年 1 月 HTML5 的第一份正式草案公布，2012 年 12 月 HTML5 规范正式定稿，2013 年 5 月，HTML5.1 正式草案公布。目前，支持 HTML5 的浏览器包括 Firefox、IE9 及其更高版本、Chrome（谷歌浏览器）、Safari、Opera、360 浏览器、搜狗浏览器、QQ 浏览器、猎豹浏览器等。

在图形图像方面，HTML5 新增了 Canvas 标记，允许浏览器直接在上面绘制矢量图形，这意味着用户可以脱离各种插件，直接在浏览器中显示图形或动画。目前 HTML5 和 Canvas 2D 规范的制定已经完成，尽管还不能算是 W3C 标准，但是这些规范已经功能完整，它最终代替多媒体框架（如 Flash）也是一个必然趋势。现在一些主流的大公司都已经逐步转向使用 HTML5。

HTML5 只完成了 Canvas 2D 规范，直接利用 Canvas API 只能进行二维平面图形的绘制，如果想制作 3D 场景，用户必须自行开发 3D 引擎，这对于绝大多数的 Web 开发者来说，仍然是一个巨大的挑战。

2011 年 3 月，多媒体技术标准化组织 Khronos 在美国洛杉矶举办的游戏开发大会上发布了 WebGL 标准规范 R 1.0，支持 WebGL 的浏览器不借助任何插件便可提供硬件图形加速，从而提供高质量的 3D 体验。WebGL 标准已经获得了 Apple（Mac OS Safari Nightly Builds）、Google（Chrome 9.0）、Mozilla（Firefox 4.0 Beta）和 Opera（Preview Build）等的支持。

1.1　什么是 WebGL

WebGL 是一种 3D 绘图标准，这种绘图技术标准允许把 JavaScript 和 OpenGL ES（OpenGL for Embedded Systems）2.0 结合在一起，通过增加 OpenGL ES 2.0 的一个 JavaScript 绑定，WebGL 可以为 HTML5 Canvas 提供硬件 3D 加速渲染，这样 Web 开发人员就可以借助系统显卡来在浏览器里更流畅地展示 3D 场景和模型，并能创建复杂的导航和数据可视化。WebGL 技术标准免去了开发网页专用渲染插件的麻烦，可被用于创建具有复杂 3D 结构的网站页面。

WebGL 标准是由科纳斯（Khronos）组织开发和维护的，该组织同样管理着 OpenGL、COLLADA 等标准。该组织在官网上对 WebGL 的描述是这样的："WebGL 是免费授权的、跨平台的应用程序接口 API，它将 OpenGL ES 2.0 作为在 HTML 网页内的 3D 绘图环境，作为低级别文档对象模型接口开放。它使用 OpenGL 渲染语言 GLSL ES（OpenGL Shading Language for Embedded Systems，编者注），并可被整洁地与其他 3D 内容上层或下层的网页内容捆绑。它使用 JavaScript 编程开发语言，是进行动态 3D 网页应用开发的理想工具，并已被主流互联网浏览器集成。"

简言之，WebGL 可以看作将 OpenGL ES（OpenGL 嵌入式版本，针对手机、游戏机等设备相对较轻量级的版本）移植到了网页平台，Chrome、Firefox 等浏览器都实现了对 WebGL 标准的支持（IE 从 11.0 以后正式支持 WebGL），使用 JavaScript 就可以进行代码编写。

1.2　WebGL 的运行环境

WebGL 必须运行在特定的浏览器中。表 1–1 和表 1–2 分别列出了 PC 端和移动端支持 WebGL 的浏览器。

表 1–1　PC 端支持 WebGL 的浏览器

Firefox 4 以上	Chrome 9 以上	Safari 5.1 以上	Opera 12 以上	IE 11.0 以上
支持	支持	支持，需要配置	支持，需要配置	支持

表 1–2　移动端支持 WebGL 的浏览器

Android				iOS 8
Firefoxfor Mobile 4 以后	OperaMobile 12 以后	Google Chrome for Android 25 以后	Android 默认浏览器	
支持	支持	支持	支持，需要配置	支持

WebGL 绘图是基于 HTML5 的 Canvas 标记的，由于不是所有的浏览器都支持 WebGL，因此有必要在程序中加入检测机制，这可以保证程序更加得体地选择退出。下面这段代码可用于检测浏览器是否支持 WebGL：

```
function initWebGL(canvas) {
  var gl;
  try {
    gl = canvas.getContext("experimental-webgl")||canvas.getContext("webgl");
  }
  catch(e) {
    alert(' 您的浏览器不支持 WebGL');
  }
  return gl;
}
```

最后，需注意两点：一是尽管浏览器支持 WebGL，但一些老旧的计算机可能仍然不能运行 WebGL，因为 WebGL 被设计为直接运行在图形显示卡（GPU）上，因此要求较高性能的显卡；二是浏览器对于多媒体文件的支持程度也会影响其表现，比如 Firefox 支持 Ogg 格式的视频，但 IE 不支持；IE 支持 MP4 格式的视频，但 Firefox 不支持；等等。

1.3　Three.js 引擎

WebGL 的原生 API 是相当低级的，对于大部分传统程序员来说遥不可及，只有有经验的 3D 程序员才能驾驭。现在已经有很多人在做这些代码库的集成工作，通过编写用户友好的接口程序，使得 WebGL 编程变得通俗易懂，一些知名的开发框架有 GLGE（http://www.glge.

org）、SceneJS（http://www.scenejs.org）、CubicVR（http://www.cubicvr.org）、Three.js（http://www.threejs.org）等。在众多的引擎中，Three.js（Ricardo Cabello Miguel，西班牙）成为了佼佼者，它以简单、直观的方式封装了 3D 图形编程中的常用对象，使用了很多图形引擎的高级技巧，极大地提高了性能，且是完全免费和开源的。其主要特点包括：

（1）掩盖了 3D 渲染的细节。Three.js 将原生 API 的细节进行了抽象，将 3D 场景抽象为网格（mesh）、材质（material）、光源（light）、摄像机（camera）等 Object3D 对象。

（2）内置了很多常用 3D 几何对象。例如，球体（SphereGeometry）、立方体（CubeGeometry）、圆柱（CylinderGeometry）、3D 文字（TextGeometry）等，并提供了相关 API，允许用户自由组合这些 3D 对象。

（3）支持交互。Three.js 提供了在 3D 场景中的拾取（pick）、拖动（drag）等操作，使得用户可以轻松创建支持交互的应用。

（4）内置了数学库。Three.js 内置了 3D 图形学中的常用矩阵、投影和矢量运算的数学库，使得没有图形学基础的程序员也可轻松进行 3D 编程。

难能可贵的是，通常情况下更高的封装程度往往意味着灵活性的牺牲，但是 Three.js 在这方面做得很好，几乎不会有 WebGL 支持而 Three.js 实现不了的情况，因此本书主要针对 Three.js 进行说明。

Mr.doob（https://github.com/mrdoob）是 Three.js 项目发起人和主要贡献者之一，但由于 Three.js 是 Github（http://github.com/mrdoob/three.js/）上的一个开源项目，因此有非常多的贡献者。

Three.js 并没有非常明确的设计目标，目前大量的爱好者正在不断修正不良的设计，添加新的功能，最新的版本（大约每两个月左右更新一次）和所有的旧版本都可以在 http://threejs.org/ 上下载，它是完全免费的。

本书的所有示例是基于 Three.js R62 版本的，Three.js 各版本之间并不能完全兼容，在阅读这些示例时请注意这点。

1.4 Sim.js 框架

Three.js 提供了一个中间层来掩盖 WebGL 原生 API 的底层细节，降低了 WebGL 编程的门槛。很多代码都是可以重用的，如创建网格、设置纹理、添加子类、添加鼠标事件等，但在实际应用中，程序员不得不去做大量重复的工作，因此，在大型的程序中，很容易出现逻辑混乱、条理不清、可读性差等问题。

Sim.js（[美]Tony Parisi，https://github.com/tparisi/sim.js）把这些工作抽象成了一个更高等级的可重用对象，它采用面向对象的方式封装了 Three.js 中的常用对象，简化了 Three.js 中许多重复的任务，比如设置渲染器、循环重绘、处理 DOM 时间等。Sim.js 是一个轻量级的开发框架，它是完全开源和免费的。

Sim.js 中包含三个核心的类：

（1）Publisher 类（Sim.Publisher）：封装了所有可触发的事件，处理事件回调，这个类也是后面两个类的基类。

（2）Application 类（Sim.App）：封装了所有建立或删除操作的代码，管理应用中所有的对象列表。

（3）Object 类（Sim.Object）：封装了用户自定义的 3D 对象，例如在场景中增加或移除物体、添加子类、位置变化等。通常情况下，这些类会在 App 类中被实例化，生成三维场景。

大多数情况下，程序通过实例化一个 Application 类和多个 Object 类来构建一个完整的三维场景。利用 Sim.js 框架，程序员可以按照面向对象的方式进行 WebGL 应用的开发。

要注意的是，由于 Three.js 不同版本之间存在细微差别，因此在使用 Sim.js 框架时，要根据版本的不同进行相应的修正。

1.5　关于 Canvas 标记

WebGL 是基于 HTML5 的 Canvas 标记的，尽管 Canvas 2D 规范与本书的主要内容关系不是很大，但了解一些基本的编程接口仍然是很必要的。我们经常会将 Canvas 2D 绘图用于 3D 对象的纹理，这是很常用的一种编程技巧。

下面的例子很随意地在画布上绘制了一些图形元素，代码都很简单，希望通过该例子向读者展示基本的 Canvas 2D 编程方法，并对后期的编程有所帮助。

```html
<html>
<head>
<title>Canvas 标记基础</title>
</head>
<body>
<div style="position:absolute;left:50%;top:50%">
<canvas id="myCanvas" width="800" height="600"
    style="border:1px solid #c3c3c3; position:absolute;
    left:-400px;top:-300px;background-color:#efefef;">
    Your browser does not support the canvas element.
</canvas>
<script type="text/javascript">
    // 绘制矩形
    var c=document.getElementById("myCanvas");
    var cxt=c.getContext("2d");
    cxt.fillStyle="#FF0000";
    cxt.fillRect(0,0,200,200);          // 左上角坐标、宽度、高度
    // 绘制渐变矩形
    var grd=cxt.createLinearGradient(300, 0, 500, 0);// 左上角、右下角坐标
    grd.addColorStop(0, "#FF0000"); // 开始颜色
    grd.addColorStop(1, "#00FF00"); // 结束颜色
    cxt.fillStyle=grd;
    cxt.fillRect(300,0,200,200);
    // 绘制圆饼
    cxt.fillStyle="#00ff00";
    cxt.beginPath();
    cxt.arc(100, 300, 40, 0, Math.PI * 2, true);
    cxt.closePath();
    cxt.fill();
```

```
    // 加载文字
    cxt.font="30px 隶书 ";
    cxt.fillStyle="#336699";
    cxt.fillText("Hello", c.width/2 , c.height/2);
    // 加载图像
    var img=new Image()
    img.src="welcome.png"
    cxt.drawImage(img, 0, 0);
</script>
</div>
</body>
</html>
```

1.6 本书的配套资源

一些形象的动画过程无法通过书面材料来传达，因此，编者在编写本书的同时开发了 WebGL 中文学习网（http://222.30.167.210），网站的主要内容包括：

- 重要知识点的视频讲解；
- 逐步进阶的网页实例及其源代码；
- 一些综合运用的案例（如赛车游戏）；
- 各种工具下载（如 Three.js 开发包）；
- 学习指导、随堂作业与其他。

尤为重要的是，本书不可能附上每一个网页的所有源代码，只能是对一些核心的代码进行解释和说明，完整的代码可以从网站上免费获得。

最后，由于 IE 11.0 以后才支持 WebGL，因此建议读者使用 Firefox 浏览器来浏览本网站，还需要做一些配置工作以便在 Firefox 中启用 WebGL，具体配置过程请参考 http://222.30.167.210/download/Firefox 开启 Webgl.txt。

课后练习

1. 参考本章 1.5 节的例子，结合 DIV + CSS 的网页开发布局，制作一个围棋棋盘。

2. 结合本教材配套网站中所介绍的跑车动画（http://222.30.167.210/103.html），尝试开发一个简单的 Canvas 2D 赛车游戏。

第 2 章

基础篇

WebGL 的原生 API 是相当低级的，程序员必须很清楚 OpenGL 引擎的渲染机制并熟悉 3D 图形学才能开始编程。与 Three.js 相比，实现同样功能的网页，使用原生 WebGL 接口需要 5 倍以上的代码量，而且大多数代码对于初学者来说生涩难懂，这并不是本书的写作目的。

Three.js 则要轻量很多，而且 WebGL 支持的功能，Three.js 几乎都能实现，因此本书主要介绍基于 Three.js 引擎的 Web3D 页面开发技术。本章先介绍 Three.js 中的一些基本概念。

2.1　Three.js 引擎中的基本概念

2.1.1　三维坐标系

三维坐标系是进行 Web3D 开发的基础（图 2-1 中，红、绿、蓝三条射线分别代表了 x、y、z 轴），在 Three.js 中，三维坐标系统如下（右手系）：

x 轴：水平向右；

y 轴：垂直向上；

z 轴：垂直与屏幕向外；

原点：画布中心，即坐标（0，0，0）。

举例来说，图 2-1 中空心圆饼的坐标是(10,0,0)，空心圆环的坐标是（-5，0，-5），此处的数值单位本身意义并不大，它只表示了一个相对位置，但通

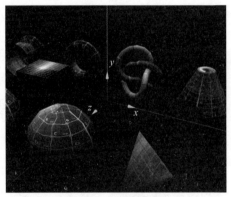

图 2-1　三维坐标系

常用米做单位可以达到最好的效果，尤其是在从建模工具导出模型到 Three.js 时。

需要注意的是，这样的坐标系统与大多数的三维建模软件（如 3Dmax、Revit）都是不同的，它们一般在水平面上使用 x 轴和 y 轴，在垂直方向上使用 z 轴，因此，从这些建模软件中导出模型到 Three.js 中时，要进行 y 轴和 z 轴的变换。

2.1.2　透视摄像机

摄像机定义了三维空间到二维屏幕的投影方式，用"摄像机"这样一个类比，可以使我们直观地理解这一投影方式，它反映了在一个 3D 场景中哪部分内容可以显示在用户画布上。

一个典型的透视摄像机（Perspective Camera）包含 4 个参数，比如：

```
var camera = new THREE.PerspectiveCamera( fov , w/h , near , far );
```

其中，fov 代表摄像机的视野广度；w/h 代表摄像机的宽高比，实践中一般设置为画布本身的宽高比；near 代表近视点，小于这个距离的对象不能显示；far 代表远视点，大于这个距离的对象不能显示。通过改变摄像机的位置、朝向和角度，即可改变画布中的内容，比如：

```
camera.position.set(0, 0, 5);
camera.lookAt( {x:0, y:0, z:0 } );
```

这两行代码的意思是将摄像机置于画布正外侧 5 m 的位置上，朝向原点。

2.1.3 正交投影摄像机

使用透视摄像机获得的结果类似于人眼在真实世界中所看到的效果（近大远小），如图 2-2 所示；而使用正交投影摄像机获得的结果则像在几何课上所画的效果，对于在三维空间内平行的线，投影到二维空间中也一定是平行的，如图 2-3 所示。一般说来，对于制图、建模软件通常使用正交投影，这样不会因为投影而改变物体比例；而对于其他大多数应用通常使用透视投影，因为这更接近人眼的观察效果。当然，摄像机的选择并没有对错之分，可以根据应用的特性选择一个效果更佳的摄像机。

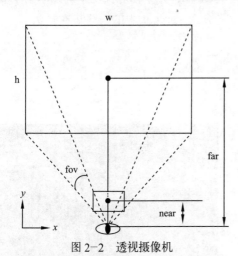

图 2-2　透视摄像机

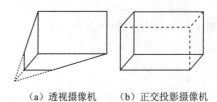

（a）透视摄像机　　（b）正交投影摄像机

图 2-3　三维空间内平行的线

正交投影摄像机（Orthographic Camera）设置起来较为直观，它的构造函数是：

```
THREE.OrthographicCamera(left,right,
top, bottom, near, far)
```

这 6 个参数分别代表正交投影摄像机拍摄到的空间的 6 个面的位置，这 6 个面围成一个长方体，我们称其为视景体（Frustum），如图 2-4 所示。只有在视景体内部的物体才可能显示在屏幕上，而视景体外的物体会在显示之前被裁剪掉。

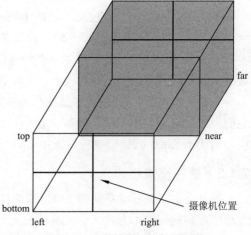

图 2-4　正交投影摄像机视景体

2.1.4 基本 3D 元素

1．场景

场景（Scene）就是一个三维空间，任何 3D 对象都必须被加入到场景中才能显示，一个典型的场景如 scene = new THREE.Scene();。

2．渲染器

显示在用户屏幕上的内容最终是靠渲染器（Renderer）渲染出来的，该对象封装了核心的 WebGL 原生 API，一个典型的渲染器如 renderer = new THREE.WebGLRenderer({antialias: true});。

3．灯光

在 WebGL 的三维空间中，存在点光源和聚光灯两种类型，而且，作为点光源的一种特例还存在平行光源（无限远光源），作为光源的参数还可以进行环境光的设置。作为对应，Three.js 中可以设置点光源（Point Light）、聚光灯（Spot Light）、平行光源（Direction Light）和环境光（Ambient Light）。在一个场景中可以设置多个光源，基本上都会是环境光和其他几种光源进行组合。如果不设置环境光，那么光线照射不到的面会变得过于黑暗。一些典型的光源如：

```
var light = new THREE.DirectionalLight(0xffffff, 1.0, 0);      // 平行光源
var light = new THREE.AmbientLight(0x555555);                  // 环境光源
var light = new THREE.PointLight(0xffffff, 1.0, 20);           // 点光源
```

4．网格

网格（Mesh）是 Three.js 中最重要、最常用的一种 3D 对象，绝大多数情况下，使用该对象来完成 3D 场景的布置，一个网格对象需要两个初始化参数，分别是几何（geometry）和材质（material），比如：var mesh = new THREE .Mesh(geometry, material)。

5．几何

几何（Geometry）对象定义一个 3D 对象的几何形状。一些基本的几何体在 Three.js 中有预先定义，比如：

```
var cube = new THREE.CubeGeometry(1,1,1)         // 一个边长为 1m 的立方体
var sphere = new THREE.SphereGeometry(1,32,32)   // 一个半径为 1m 的球体，后
// 面两个参数说明了球体在经度和纬度方向上的分段数，用于标示球体表面的光滑度，分段越多，球
// 体表面越光滑
```

6．材质

材（Material）用于反映一个 3D 对象的外观表现，如纹理图片、透明度、颜色、反射度等。比如：

```
var material = new THREE.MeshBasicMaterial({color: 0x0000ff}) // 基本材质
var material = new THREE.MeshLambertMaterial({color: 0x0000ff})// 朗勃面
var material = new THREE.MeshPhongMaterial({color: 0x0000ff}) // 旁式面
```

2.1.5　动画原理

Three.js 使用 requestAnimationFrame 关键函数来实现基本的动画功能，这是在 HTML5 中新引进的一个函数，类似于 setTimeOut 或 setInterval 函数，但两者有本质区别。setInterval 函数以固定的时间间隔重绘制画板，如果渲染过于复杂，动画时间就会延长；但 request AnimationFrame 函数能够根据不同情况丢弃一些插值帧，以保证动画按时完成。下面的代码说明了动画工作的基本原理：

```
var t=0;
function loop() {
  t++;
  cube.rotation.set( t/100, 0, 0 );
  renderer.render(scene, camera);
  window.requestAnimationFrame(loop);
}
```

代码运行的结果是一个立方体沿 x 轴不断旋转。requestAnimationFrame 函数的重绘时间间隔紧紧跟随浏览器的刷新频率，一般来说，这个频率为每秒 60 帧，这个频率大大超过了电影动画的帧率（24 帧 / 秒），因此可以获得更佳的动画效果。对于隐藏或不可见的元素，requestAnimationFrame 将不会进行重绘，这就意味着更少的 CPU、GPU 和内存使用量。

因为 requestAnimationFrame 较为"年轻"，因而一些旧的浏览器使用的是试验期的名字：mozRequestAnimationFrame、webkitRequestAnimationFrame、msRequestAnimationFrame，为了支持这些浏览器，最好在调用之前先判断是否定义了 requestAnimationFrame 以及上述函数：

```
if(!window.requestAnimationFrame ) {
    window.requestAnimationFrame = ( function() {
        return
        window.webkitRequestAnimationFrame ||
        window.mozRequestAnimationFrame ||
        window.oRequestAnimationFrame ||
        window.msRequestAnimationFrame ||
        function(callback,element) {
            window.setTimeout( callback, 1000 / 60 );
        };
    } )();
}
```

Window.setTimeout(callback,1000/60); 的意思是，在最糟糕的情况下，浏览器会调用 setTimeout 函数完成动画的绘制，每秒 60 帧，即每帧约 17 ms。

2.2　基于 Three.js 引擎的网页

2.2.1　加载 Three.js 引擎

Three.js 是一个开源引擎，目前有大量的爱好者正在不断修正不良的设计，添加新的功能，所有版本可以在 http://threejs.org/ 上免费下载。

在这个引擎包中，最核心的两个文件是 Three.js 和 Three.min.js，后者是经过处理优化后的库文件，它更加小巧且功能是完整的。一般地，我们会在网页的 <head> 部分加载该文件，形如：

```
<head>
<script type="text/javascript" src="libs/three.min.js">
</head>
```

2.2.2 完整的 Three.js 网页

Three.js 引擎要结合 HTML5，并与各类网页元素（如 CSS、DIV 等）合理结合才能收到良好效果。下面的例子展示了一个完整的 Three.js 网页，网页效果如图 2-5 所示。

图 2-5 一个 Three.js 网页效果

```
<html>
<head>
<title>Three.js</title>
<style> #canvas-frame{ width: 100%; height: 100% } </style>
<script src="js/three.min.js"></script>

<script>
var width, height;
var renderer;
function initThree() {
  width=document.getElementById('canvas-frame').clientWidth;
  height=document.getElementById('canvas-frame').clientHeight;
  renderer=new THREE.WebGLRenderer({antialias: true});
  renderer.setSize(width, height);
  document.getElementById('canvas-frame').appendChild(renderer.domElement);
  renderer.setClearColorHex(0xFFFFFF,1.0);
}
var camera;
function initCamera() {
  camera=new THREE.PerspectiveCamera( 45 , width / height , 1 , 10000 );
  camera.position.x=0;
  camera.position.y=10;
  camera.position.z=20;
  camera.lookAt( {x:0, y:0, z:0 } );
}
var scene;
function initScene() {
  scene=new THREE.Scene();
}
var light;
function initLight() {
  light=new THREE.DirectionalLight(0xffffff, 1.0, 0);
  light.position.set( 10, 10, 20 );
  scene.add(light);
}
var cube=Array();
```

```
function initObject(){
  for(var i=0; i<3; i++){
    cube[i]=new THREE.Mesh(
        new THREE.CubeGeometry(5,5,5),
        new THREE.MeshLambertMaterial({color: Math.random() * 0xffffff})
    );
    scene.add(cube[i]);
    cube[i].position.set(-10+10*i,0,0);
  }
}
var t=0;
function loop() {
  t++;
  cube[0].rotation.set( t/100, 0, 0 );
  cube[1].rotation.set( 0, t/100, 0 );
  cube[2].rotation.set( 0, 0, t/100 );
  renderer.clear();
  renderer.render(scene, camera);
  window.requestAnimationFrame(loop);
}
function threeStart() {
  initThree();
  initCamera();
  initScene();
  initLight();
  initObject();
  loop();
}
</script>
</head>
<body onLoad="threeStart();">
<div id="canvas-frame"></div>
</body>
</html>
```

这段代码从 <body onLoad="threeStart();"> 标记处开始运行，并先后对渲染器、摄像机、场景、灯光、3D 对象进行了初始化，然后通过 requestAnimationFrame 方法循环调用 loop 函数实现动画效果，动画的内容是三个立方体分别绕 x、y、z 轴旋转，每次旋转 0.01 rad。

该程序是一个过程性很强的程序，每一个 Three.js 网页都需要做这些初始化的工作，程序员需要不断重复写这些代码。或者说，Three.js 只是提供给了用户一个便捷的 API 接口，并没有说明如何有效地使用这些 API，这些更高级别的重用机制有待用户自己完成。

2.3　基于 Sim.js 框架的网页

2.3.1　加载 Sim.js 框架

Sim.js 是由美国 Tony Parisi 开发的一个基于 Three.js 的轻量级框架，它采用面向对象的方式封装了 Three.js 中的常用对象，简化了 Three.js 中许多重复的任务，比如设置渲染器、循环重绘、处理 DOM 时间等。Sim.js 是完全开源和免费的，所有源码可以从 https://github.com/tparisi/Sim.js 下载。

Sim.js 框架最核心的文档是 Sim.js 文件，除此之外，还对关键帧动画部分做了优化，本书中所有的关键帧动画也是依赖于 Sim.js 框架的。一般会在网页的 <head> 部分加载该文件，形如：

```
<head>
<script type="text/javascript" src="Sim/Sim.js">
</head>
```

2.3.2 完整的 Sim.js 网页

Sim.js 通过三个类对 Three.js 进行了重新封装，分别是：Sim.Publisher 类、Sim.Application 类和 Sim.Object 类。利用 Sim.js 框架，程序将变得更加清晰，对于 2.2.2 节的网页，改进后的代码如下：

1．网页文件（index.html）

```html
<html>
<head>
<title>three.js</title>
    <script src="libs/Three.js"></script>
    <script src="libs/jquery-1.6.4.js"></script>
    <script src="libs/jquery.mousewheel.js"></script>
    <script src="libs/RequestAnimationFrame.js"></script>
    <script src="sim/sim.js"></script>
    <script src="index.js"></script>
    <script>
var renderer = null;
var scene = null;
var camera = null;
$(document).ready(
    function() {
        var container = document.getElementById("container");
        var app = new App();
        app.init({ container: container });
        app.run();
    }
);
    </script>
</head>
<body>
<div id="container" style="width:100%; height:100%;"></div>
</body>
</html>
```

2．脚本文件（index.js）

```javascript
// 定义 App 类
App = function(){
```

```
        Sim.App.call(this);
    }
    App.prototype = new Sim.App();
    App.prototype.init = function(param){
        Sim.App.prototype.init.call(this, param);
        this.camera.position.z = 10;
        this.camera.lookAt({x:0,y:0,z:0} );
        var cube = new Cube();
        cube.init();
        this.addObject(cube);
    }
    App.prototype.update = function(){
        Sim.App.prototype.update.call(this);
    }
    // 定义 Object 类
    Cube=function(){
        Sim.Object.call(this);
    }
    Cube.prototype = new Sim.Object();
    Cube.prototype.init = function(){
        var cube = new THREE.Mesh(
            new THREE.CubeGeometry(5,5,5),
            new THREE.MeshLambertMaterial({color: Math.random() * 0xffffff})
        );
        this.setObject3D(cube);
    }
    Cube.prototype.update = function(){
        this.object3D.rotation.y += 0.01;
        Sim.Object.prototype.update.call(this);
    }
```

在脚本文件中，初始化了两个类 App 和 Cube，它们分别继承自 Sim.Application 和 Sim.Object。其中，Cube 类通过 init 方法添加了一个正方体，通过 update 方法实现自身动画；App 类完成了场景和摄像机的初始化，并在场景中实例化了 Cube 类的一个对象。

使用了 Sim.js 框架后的网页有如下优点：

（1）独立了脚本文件。程序员可以专注于应用本身的编程，而不用过多地考虑前台页面问题。

（2）完全的面向对象机制。对 3D 场景和 3D 对象均进行了重组，通过 init 方法封装了初始化工作，降低了耦合度，提高了可重用性。

（3）更强的动画处理能力。通过 update 方法，程序只需关注每个 3D 对象本身的动画处理程序即可，Sim 框架会自动处理场景中每个 3D 对象的动画处理进程。

2.4　综合实例

Sim.js 框架简化了开发工作，面向对象和模块化的特点使得网页代码更加易于管理和维护，但同时也要求程序员要有清晰的设计思路，尤其是在 3D 对象类的定义上。本节我们介绍两个实例，以便让读者能够更好地理解并掌握 Sim.js 框架的编程方法。

2.4.1 地月系模拟动画

本节介绍了一个地月系模拟动画，最终的效果如图 2-6 所示，月亮自转的同时围绕地球公转，地球自转的同时围绕太阳公转，月亮作为地球的子类跟随地球运动，在运动过程中，还可以观察到光线变化、月偏食、月全食等现象。

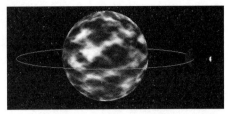

图 2-6　地月系模拟动画

同时，一并介绍一些前面没有提及的概念及其使用方法，包括：

（1）第一人称漫游；

（2）图片纹理；

（3）子类与层级关系；

（4）线段处理；

（5）粒子系统。

对于这些内容的解释和说明，我们在脚本文件中穿插进行。

```
var clock = new THREE.Clock();
var controls;
EarthApp=function(){
    Sim.App.call(this);
}
EarthApp.prototype=new Sim.App();
EarthApp.prototype.init=function(param){
    Sim.App.prototype.init.call(this, param);
    var earth=new Earth();
    earth.init();
    this.addObject(earth);
    var orbit=new Orbit();
    orbit.init(Earth.dis);
    this.addObject(orbit);
    var sun=new Sun();
    sun.init();
    this.addObject(sun);
    var stars=new Stars();
    stars.init(50);
    this.addObject(stars);
    this.camera.position.z+=40;
    this.camera.position.y+=5;
    this.camera.lookAt({x:0,y:0,z:0} );
    controls=new THREE.FirstPersonControls( this.camera );
```

（1）第一人称漫游。它允许用户通过键盘或鼠标对场景进行巡游控制，详见本书 3.5.1 节。

```
    controls.movementSpeed = 5;
    controls.lookSpeed = 0.01;
    controls.noFly = false;
    controls.lookVertical = true;
    controls.lon = -90;
```

```
        this.focus();                          // 保证网页可以正常地处理键盘事件
    }
    EarthApp.prototype.update = function(){
        var delta = clock.getDelta();
        controls.update( delta );
        Sim.App.prototype.update.call(this);
    }


    Earth = function(){
        Sim.Object.call(this);
    }
    Earth.prototype = new Sim.Object();
    Earth.prototype.init = function(){
        this.zizhuan=-0.02;
        this.gongzhuan=0.01;
        var texture_earth = new THREE.MeshLambertMaterial(
            {map: THREE.ImageUtils.loadTexture('images/earthmap.jpg')});
        var earthmesh = new THREE.Mesh(new THREE.SphereGeometry (1,32,32),texture_
earth);
```

（2）图片纹理。在真实的 3D 场景中，模型是有纹理的，而不仅仅是只有颜色值，Three.js 通过 ImageUtils.loadTexture 方法使用图片纹理对 3D 模型进行贴图，使得模型更接近真实。MeshLambertMaterial（朗勃面）是一种很常用的材质，它将使用漫反射的方式引用前面的纹理图片，最终效果还与光线有关；另外一种常用的材质是 MeshPhongMaterial，它可以产生镜面效果。

```
        earthmesh.position.set(Earth.dis,0,0);
        var EarthGroup = new THREE.Object3D();
        EarthGroup.add(earthmesh);
        this.setObject3D(EarthGroup);
        this.earthmesh = earthmesh;
        this.createMoon();
    }
    Earth.prototype.createMoon = function(){
        var moon = new Moon();
        moon.init();
        moon.setPosition(Earth.dis,0,0);
        this.addChild(moon);
```

（3）子类与层级关系。在本例中，月亮属于地球的子类，将跟随地球一起绕太阳公转，通过创建子类，不管地球如何运动，月亮将自动跟随地球，程序不需要再单独处理这部分内容。层级关系是计算机动画的重要概念之一。比如骨骼动画，对于人体动画，小腿骨骼将跟随大腿骨骼一起运动。

```
    }
    Earth.prototype.update = function(){
        this.object3D.rotation.y += this.gongzhuan;
        this.earthmesh.rotation.y += this.zizhuan;
        Sim.Object.prototype.update.call(this);
    }
```

```
    Earth.dis=10;    // 地球到太阳的距离

    Moon = function(){
        Sim.Object.call(this);
    }
    Moon.prototype = new Sim.Object();
    Moon.prototype.init = function(){
        this.gongzhuan=0.02;
        this.zizhuan=0.02;
        var texture_moon = new THREE.MeshLambertMaterial(
            {map: THREE.ImageUtils.loadTexture('images/moonmap.jpg')});
        var moonmesh=new THREE.Mesh(new THREE.SphereGeometry (0.3,32,32),texture_
moon);
        moonmesh.position.set(Moon.dis,0,0);
        var moonGroup = new THREE.Object3D();
        moonGroup.add(moonmesh);
        this.setObject3D(moonGroup);
        this.moonmesh = moonmesh;
    }
    Moon.prototype.update = function(){
        this.object3D.rotation.y += this.gongzhuan;
        this.moonmesh.rotation.y += this.zizhuan;
        Sim.Object.prototype.update.call(this);
    }
    Moon.dis=2;        // 月亮到地球的距离

    Sun = function(){
    Sim.Object.call(this);
    }
    Sun.prototype = new Sim.Object();
    Sun.prototype.init = function(){
        this.zizhuan=0.001;
        var texture_sun = new THREE.MeshLambertMaterial(
                {map: THREE.ImageUtils.loadTexture('images/sunmap.jpg'),
emissive:0xffffff});        // 自发光材质
            var sunmesh = new THREE.Mesh( new THREE.SphereGeometry
(5,32,32),texture_sun);
        sunmesh.position.set(0,0,0);
        this.setObject3D(sunmesh);
        var light = new THREE.PointLight( 0xffffff, 4, 1000);
        light.position.set(0, 0, 0);
        this.object3D.add(light);        // 添加点光源
    }
    Sun.prototype.update = function(){
        this.object3D.rotation.y += this.zizhuan;
        Sim.Object.prototype.update.call(this);
    }

    Orbit = function(){
```

```
        Sim.Object.call(this);
    }
    Orbit.prototype = new Sim.Object();
    Orbit.prototype.init = function(distance){
        var geometry = new THREE.Geometry();
        var i, len = 60, twopi = 2 * Math.PI;
        for (i = 0; i <= Orbit.N_SEGMENTS; i++)
        {
            var x = distance * Math.cos( i / Orbit.N_SEGMENTS * twopi );
            var z = distance * Math.sin( i / Orbit.N_SEGMENTS * twopi );
            var vertex = new THREE.Vertex (new THREE.Vector3(x, 0, z));
            geometry.vertices.push(vertex);
        }
        var material = new THREE.LineBasicMaterial( { color: 0xcccccc, opacity:
0.5, linewidth: 1 } );
        var line = new THREE.Line( geometry, material );
        this.setObject3D(line);
```

（4）线段处理。在真实的太阳系中并没有轨道线，但在程序中加入轨道线将使场景更加美观。我们使用圆形轨道来模拟真实轨道（真实轨道是椭圆的），THREE.LineBasicMaterial 材质可将 geometry 中的顶点逐个相连，只要分段足够多，最终的效果将趋于平滑的圆形，本例中，轨道线被分成了 120 段。

```
    }
    Orbit.prototype.update=function(){
        Sim.Object.prototype.update.call(this);
    }
    Orbit.N_SEGMENTS = 120;

    Stars = function(){
        Sim.Object.call(this);
    }
    Stars.prototype = new Sim.Object();
    Stars.prototype.init = function(minDistance){
        var starsGroup = new THREE.Object3D();
        var i;
        var starsGeometry = new THREE.Geometry();
        for ( i = 0; i < Stars.NVERTICES; i++){
            var vector = new THREE.Vector3( (Math.random() * 2 - 1) * minDistance,
                    (Math.random() * 2 - 1) * minDistance,
                    (Math.random() * 2 - 1) * minDistance);
            if (vector.length() <  minDistance)
            {
                vector = vector.setLength(minDistance);
            }
            starsGeometry.vertices.push( new THREE.Vertex( vector ) );
        }
        var starsMaterials = [];
        for (i = 0; i < Stars.NMATERIALS; i++){
```

```
        starsMaterials.push(
            new THREE.ParticleSystemMaterial( { color: 0x101010 * (i + 1),
                size: i % 2 + 1,
                sizeAttenuation: false } )
            );
    }
    for ( i = 0; i < Stars.NPARTICLESYSTEMS; i ++ ){
        var stars = new THREE.ParticleSystem( starsGeometry, starsMaterials[
i % Stars.NMATERIALS ] );
        stars.rotation.y = i / (Math.PI * 2);
        starsGroup.add( stars );
    }
    this.setObject3D(starsGroup);
}
Stars.NVERTICES = 1000;
Stars.NMATERIALS = 8;
Stars.NPARTICLESYSTEMS = 24;
```

（5）粒子系统。为使整个地月系看起来更加生动，我们为其添加了背景星空，随机地添加了1 000颗星星，它们的大小和亮度不等，类似的情形包括烟雾效果、火焰效果、波纹效果等，在 Three.js 中，这类效果可以使用粒子系统来实现，即 THREE.ParticleSystem。

请注意 ParticleSystemMaterial 材质的 sizeAttenuation 属性，它用于通知 Three.js 在摄像机移动时是否重新缩放每个粒子。此处设置为false的意义在于：这些星星粒子距离我们非常遥远，摄像机的移动对其而言产生不了视觉上的明显差异。

图 2-7 将场景扩展到了整个太阳系，包含水星、金星、地球、火星、木星、土星六大近地行星，所有星球均按真实大小比例和距太阳的距离构造，通过第一人称视角漫游，用户可以自由选择在任意位置、任意角度来观察太阳系。

图 2-7　太阳系模拟动画

在这个模拟动画的制作过程中，还会用到一些更高级的编程知识，比如自定义几何体、着色器编程等。其中关于着色器编程方面的内容涉及一门新的语言 GLSL（OpenGL Shading Language），本书不打算深入讨论，因为其涉及过多的 GPU 渲染管线方面的知识，这部分内容并非本书的主要写作目的。

2.4.2　雪花飘飘

2.4.1 节中，背景星空部分我们使用了粒子系统（THREE.ParticleSystem）。粒子系统是一种特殊的几何体，它只有点（vertices），没有面（faces），实践中我们经常用它实现烟雾、火焰、尾气等效果。粒子系统的应用面很广，本节以"雪花飘飘"为例进行介绍，网页的最终效果如图 2-8 所示，主要的代码如下：

```
Snow.init = function(){
    var geometry;
    this.fall = [];
    for (var i = 0; i < 10000; i++) {
        this.fall.push(THREE.Math.randFloat
        (0.1,0.5));
    }
    geometry = new THREE.Geometry();
    for (var i = 0; i < 10000; i++) {
        var vertex = new THREE.Vector3();
        vertex.x = THREE.Math.randFloatSpread(200);
        //返回 -100 至 100 的一个小数
        vertex.y = THREE.Math.randFloatSpread(200);
        vertex.z = THREE.Math.randFloatSpread(200);
        geometry.vertices.push(vertex);
    }
    var particles = new THREE.ParticleSystem(
        geometry,
        new THREE.ParticleSystemMaterial({ color: 0x888888, size: 1,
        map: THREE.ImageUtils.loadTexture('images/snow.png'),
        transparent:true })
    );
    this.setObject3D(particles);
}
Snow.prototype.update=function(){
    for (var i = 0; i < 10000; i++) {
        this.object3D.geometry.vertices[i].y -= this.fall[i];
        if (this.object3D.geometry.vertices[i].y < -100)
            this.object3D.geometry.vertices[i].y = 100;
    }
    Sim.Object.prototype.update.call(this);
}
```

图 2-8　雪花飘飘网页效果

这段代码随机地生成了 10 000 个点，为每一个点贴上了雪花的图片纹理，并在 update 事件中不断更新每个顶点的 y 坐标，最终形成了"雪花飘飘"的动画效果。

本例共使用了 10 000 个顶点来构成雪花效果，顶点越多，越消耗资源，对于烟雾效果来说，经常会有几十万甚至更多的顶点数。为提高效率，Three.js 提供了 BufferGeometry 这种几何体它可以大大提高渲染效率。利用 BufferGeometry 构建粒子系统的一般方法如下：

```
var geometry = new THREE.BufferGeometry();
geometry.addAttribute( 'position', Float32Array, particles, 3 );
geometry.addAttribute( 'color', Float32Array, particles, 3 );
var positions = geometry.attributes.position.array;
var colors = geometry.attributes.color.array;
for ( var i = 0; i < N_particles; i ++ ) {
    positions[ i*3 ]     = X;
    positions[ i*3 + 1 ] = Y;
    positions[ i*3 + 2 ] = Z;
```

```
    colors[ i*3 ]     = C_x;
    colors[ i*3 + 1 ] = C_y;
    colors[ i*3 + 2 ] = C_z;
}
var material = new THREE.ParticleSystemMaterial(
    { size: 1, vertexColors: true } );
particleSystem = new THREE.ParticleSystem( geometry, material );
```

2.5 自定义几何体与 UV 坐标

2.5.1 自定义几何体

Three.js 封装了很多几何体，其中最常用的有球体（SphereGeometry）、立方体（CubeGeometry）、圆柱体（CylinderGeometry）、平面（PlaneGeometry）、3D 文本（TextGeometry）等，在网站 http://222.30.167.210/WebGL-docs/docs/index.html 中有这些 API 的详细使用说明。

图 2-9　土星环

实践中，它们往往是不够用的，总会遇到一些不规则的几何体，土星环就是一个例子。如图 2-9 所示，土星环是一个具有内外环半径的圆盘，在 Three.js 中并没有提供这个几何体，需要我们自定义。

几何体（Geometry）的两个最基本的参数是点和面，Three.js 它们封装到了两个数组中，分别是 vertices[] 和 faces[]；另外，WebGL 是以三角形为基础构建平面的，vertices 数组中的顶点要以合理的方式进行 3 个一组的划分，以构成几何体的所有平面。

2.5.2 UV 坐标

当给自定义几何体的表面提供图片纹理时，需要定义平面的 UV 坐标，它指明纹理图片的每个像素如何映射到网格表面。U 代表水平方向，向右递增；V 代表垂直方向，向上递增，取值范围是从 0 到 1，以纹理图片的左下角为原点（0，0），右上角为终点（1，1）。

比如，矩形可以根据某条对角线将其分割成两个三角形。如图 2-10 (b) 所示，先取①③②顶点构建一个平面，它将引用图 2-10 (c) 所示纹理图，其 UV 坐标为 [(0,0),(0.5,0),(0,0.5)]；再取②③④顶点构建一个平面，它将引用图 2-10 (d) 所示纹理图，其 UV 坐标为 [(0,0.5),(0.5,0),(0.5,0.5)]，所有这些平面的组合即构成我们自定义的几何体，依照这个原理，可以将一副平面图片合理地贴到一个曲面上去。

(a) 纹理图

(b) 引用纹理图

(c) 三角形 1
　　　　(d) 三角形 2

图 2-10　引用纹理图片

在复杂的三维模型中，还可以将多幅平面图片合成到一个图片文件中去，并分区引用，如图 2-11 所示，这是在纹理贴图中常用的一个技巧。

在定义 UV 贴图时，需要注意平面的法向量问题，直观来讲，就是 UV 图片应该贴至平面的哪个面，默认情况下，Three.js 会贴到法向量面上。

图 2-11　复杂模型的 UV 贴图

法向量实质为两向量外积，与组成平面的三个顶点的出现顺序有关，其方向遵循右手原则。以 1、3、2 三点组成的面为例，将右手手腕置于 3 点，四指指向 2 点，沿手心方向向 1 点转动，大拇指所致方向即为外积方向，也就是该平面的法向量方向。

大多数情况下，我们只渲染三角形的某一个面，这样，当我们从背面查看目标时，屏幕上将不会渲染出任何物体，为避免这个问题，可以在材质中指定要进行双面渲染，比如：

```
var material = new THREE.MeshLambertMaterial(
    {map: THREE.ImageUtils.loadTexture('UV.png'),
    side:THREE.DoubleSide}
);
```

2.5.3　创建土星环

创建土星环（见图 2-12）的主要代码如下：

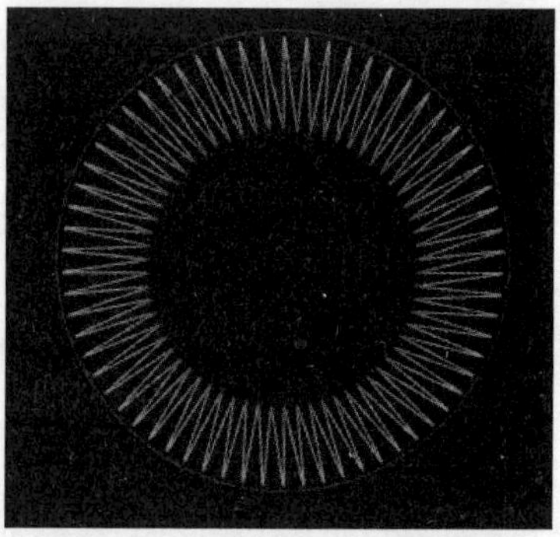

```
Rings = function ( innerRadius, outerRadius,
nSegments ){
    THREE.Geometry.call( this );
    var outerRadius = outerRadius || 1,
    innerRadius = innerRadius || .5,
    gridY = nSegments || 10;
    var i, twopi = 2 * Math.PI;
    var iVer = Math.max( 2, gridY );
    var origin = new THREE.Vector3(0, 0, 0);
    for ( i = 0; i < ( iVer + 1 ) ; i++ ) {
        var fRad1 = i / iVer;
        var fRad2 = (i + 1) / iVer;
        var fX1 = innerRadius * Math.cos( fRad1 * twopi );
        var fY1 = innerRadius * Math.sin( fRad1 * twopi );
        var fX2 = outerRadius * Math.cos( fRad1 * twopi );
        var fY2 = outerRadius * Math.sin( fRad1 * twopi );
        var fX4 = innerRadius * Math.cos( fRad2 * twopi );
        var fY4 = innerRadius * Math.sin( fRad2 * twopi );
        var fX3 = outerRadius * Math.cos( fRad2 * twopi );
        var fY3 = outerRadius * Math.sin( fRad2 * twopi );
        var v1 = new THREE.Vector3( fX1, fY1, 0 );
        var v2 = new THREE.Vector3( fX2, fY2, 0 );
        var v3 = new THREE.Vector3( fX3, fY3, 0 );
        var v4 = new THREE.Vector3( fX4, fY4, 0 );
        this.vertices.push( new THREE.Vertex( v1 ) );
        this.vertices.push( new THREE.Vertex( v2 ) );
```

图 2-12　土星环实例效果

```
            this.vertices.push( new THREE.Vertex( v3 ) );
            this.vertices.push( new THREE.Vertex( v4 ) );
        }
    for ( i = 0; i < iVer ; i++ ) {
            this.faces.push(new THREE.Face3( i * 4, i * 4 + 1, i * 4 + 2));
            this.faces.push(new THREE.Face3( i * 4, i * 4 + 2, i * 4 + 3));
            this.faceVertexUvs[ 0 ].push( [
                            new THREE.UV(0, 1),
                            new THREE.UV(1, 1),
                            new THREE.UV(1, 0) ] );
            this.faceVertexUvs[ 0 ].push( [
                            new THREE.UV(0, 1),
                            new THREE.UV(1, 0),
                            new THREE.UV(0, 0) ] );
        }
        this.computeCentroids();
        this.computeFaceNormals();
    };
    Rings.prototype = new THREE.Geometry();
    Rings.prototype.constructor = Rings;
```

2.5.4　合并几何体

并非所有的不规则几何体都完全需要依靠写代码来实现，有些模型可以通过各种现有的几何体搭建而成，比如桌子可以由 5 个长方体（1 个桌面和 4 条桌腿）来组成，将它们合并即可完成桌子的建模。

Three.js 提供了 GeometryUtils.merge 方法来合并两个几何体，基本使用方法是：THREE. GeometryUtils.merge(g1, g2)，这条语句的意思是将几何体 g2 合并至几何体 g1 中去。

需要注意的是，Three.js 总是以（0，0，0）为中心（锚点）来构建几何体的，比如一个边长为 1 的几何体，其正右上方的顶点坐标是（0.5，0.5，0.5）。在合并几何体之前，一般需要修改这些顶点的坐标。平移可以使用 THREE.Matrix4().makeTranslation 方法，旋转可以使用 makeRotation 方法，缩放可以使用 makeScale 方法。

下面的代码合并了两个球体：

```
var g1 = new THREE.SphereGeometry(1, 32, 32);
g1.applyMatrix(new THREE.Matrix4().makeTranslation(1, 0, 0));
var g2 = new THREE.SphereGeometry(1, 32, 32);
g2.applyMatrix(new THREE.Matrix4().makeTranslation(-1, 0, 0));
THREE.GeometryUtils.merge(g1, g2);
```

最后请注意 applyMatrix 方法实际上是修改了几何体的每个顶点的物理坐标，这与 3D 对象的 position 属性有本质区别。大多数情况下，我们通过修改一个 3D 对象的 position 属性来改变其位置，其实这是修改了这个 3D 对象的本地矩阵，该几何体各顶点的物理坐标并不发生变化，最终的顶点位置是由"物理坐标 × 本地矩阵 × 世界矩阵"计算出来的。

2.6 本地矩阵和世界矩阵

矩阵，英文名为 Matrix，是 3D 图形学中的一个重要概念，常用于 3D 空间中物体的平移、缩放和旋转。

当我们需要在 3D 空间中移动一个对象时，该对象的所有顶点坐标其实都发生了变化，如果我们通过修改顶点坐标的方式去移动物体，那么计算量会大得惊人，所以现代图形学都不会这么做，而是通过引入四维矩阵的方法，将平移、缩放和旋转操作合并到一个运算子中去，当物体发生变换时，将原始顶点坐标与四维矩阵相乘即可得到目标点坐标，原始顶点坐标并不做任何修改，这些用于计算目的的运算子就叫做本地矩阵和世界矩阵。

典型的运动算子包括：

$$T=\begin{bmatrix} 1 & 0 & 0 & 0 \\ 0 & 1 & 0 & 0 \\ 0 & 0 & 1 & 0 \\ T_x & T_y & T_z & 1 \end{bmatrix}, \quad S=\begin{bmatrix} S_x & 0 & 0 & 0 \\ 0 & S_y & 0 & 0 \\ 0 & 0 & S_z & 0 \\ 0 & 0 & 0 & 1 \end{bmatrix}, \quad R_x=\begin{bmatrix} 1 & 0 & 0 & 0 \\ 0 & \cos\theta & \sin\theta & 0 \\ 0 & -\sin\theta & \cos\theta & 0 \\ 0 & 0 & 0 & 1 \end{bmatrix}$$

其中，T 为平移算子，S 为缩放算子，R_x 为绕 x 轴旋转的旋转算子。

2.6.1 本地矩阵和世界矩阵的作用

在实际建模当中，各物体之间往往包含着层级关系，比如月球就是地球的子类，其运动规律是相对于其父类（即地球）的，这种用于表示父子之间的相对位置关系的矩阵称为本地矩阵。

仅依靠本地矩阵，并不能求得物体的世界坐标（即物体在三位坐标系中的真实坐标），一般地，世界矩阵由子类的本地矩阵乘以父类的世界矩阵求得，子类的世界坐标则由原始顶点坐标乘以子类的世界矩阵求得。

利用这种逐级相连的层级关系，可以构建复杂的层级模型和动画，典型的应用为骨骼动画。

2.6.2 Three.js 中的本地矩阵和世界矩阵

在 Three.js 中，每一个 Object3D 对象都包含本地矩阵（Matrix）和世界矩阵（MatrixWorld），用于在渲染时计算顶点在屏幕空间中的位置。对于任意子类，其世界矩阵都会由子类的本地矩阵和父类的世界矩阵相乘而求得，然后不断往下，直到最末级；对于顶级对象来说，其父类的世界矩阵被设置为单位矩阵，即顶级对象的本地矩阵和世界矩阵是完全相同的。这种变换层级让我们省去了很多编程工作量。图 2-13 形象地说明了本地矩阵和世界矩阵的工作原理，其中：

子类世界矩阵 = 子类本地矩阵 × 父类世界矩阵

顶点世界坐标 = 原坐标 × 世界矩阵

每一个 Object3D 对象都包含一个 position 属性，其实，它就是本地矩阵的第 12、13、14 号元素的组合，也就是说，position 属性其实完全可以不要，因为它

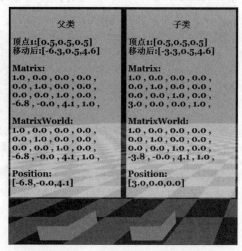

图 2-13　本地矩阵与世界矩阵

完全包含在了本地矩阵中，只是有了这个属性后，编程会更加方便。

最后，细心的读者可能会发现，顶点坐标是三维的，无法和四维矩阵相乘。Three.js 默认的会将顶点的第四维设置成 1，而将向量的第四维设置成 0，这完全是出于计算的需要。

2.7 深入了解材质

一个典型的网格（Mesh）对象由几何体（Geometry）和材质（material）共同组成，前者定义几何形状，后者定义表现形式，典型的材质包括颜色、纹理贴图、光照模式等。本节将介绍基本材质、两种基于光照模型的材质，以及如何使用图像作为材质。

2.7.1 基本材质

使用基本材质（BasicMaterial）的物体，渲染后物体的颜色始终为该材质的颜色，不会由于光照产生明暗、阴影效果。如果没有指定材质的颜色，则颜色是随机的，其构造函数是：

```
THREE.MeshBasicMaterial(opt)
```

其中，opt 可以省略，或者为包含各属性的值。如新建一个不透明度为 0.75 的黄色材质：

```
new THREE.MeshBasicMaterial({
    color: 0xffff00,
    opacity: 0.75
});
```

一些常用的材质属性包括：

- visible：是否可见，默认为 true；
- side：渲染面片的正面或是反面，默认正面 THREE.FrontSide，可设置为反面 THREE. BackSide，或双面 THREE.DoubleSide；
- wireframe：是否渲染线而非面，默认为 false；
- color：十六进制 RGB 颜色，如红色表示为 0xff0000；
- map：使用纹理贴图，如 map:THREE.ImageUtils.loadTexture('img/0.jpg')；
- ambient：对环境光的反射能力，只有当设置了 AmbientLight 后，该值才是有效的，材质对环境光的反射能力与环境光强相乘后得到材质实际表现的环境光颜色；
- emissive：材质的自发光颜色，可以用来表现光源的颜色。

对于基本材质，即使改变场景中的光源，物体也始终表现为同一种颜色，这不是很具有真实感。因此，下面我们介绍两种更为真实的光照模型材质：Lambert 材质以及 Phong 材质。

2.7.2 Lambert 材质

Lambert 材质（Mesh Lambert Material，朗勃面材质）是符合 Lambert 光照模型的材质。Lambert 光照模型的主要特点是只考虑漫反射而不考虑镜面反射的效果，因而对于金属、镜子等需要镜面反射效果的物体就不适用，对于其他大部分物体的漫反射效果都是适用的。

其光照模型公式为：

```
Idiffuse = Kd * Id * cos(theta)
```

其中，Idiffuse 是漫反射光强，Kd 是物体表面的漫反射属性，Id 是光强，theta 是光线方向与顶点法线的夹角。

引用下面的 Lambert 材质，并将它用于球体，可产生图 2−14 所示的效果，它看起来很像一个滚烫的太阳。

```
new THREE.MeshLambertMaterial({
    color: 0xffff00,
    emissive: 0xff0000
})
```

图 2−14　Lambert 材质

2.7.3　Phong 材质

Phong 材质（MeshPhongMaterial，旁氏反射面材质）是符合 Phong 光照模型的材质。和 Lambert 不同的是，Phong 模型考虑了镜面反射的效果，因此对于金属、镜面的表现尤为适合。

Phong 材质的漫反射部分和 Lambert 光照模型是相同的，镜面反射部分的模型为：

```
Ispecular = Ks * Is * (cos(alpha)) ^ n
```

其中，Ispecular 是镜面反射的光强，Ks 是材质表面镜面反射系数，Is 是光源强度，alpha 是反射光与视线的夹角，n 是高光指数，h 值越大则高光光斑越小。

由于漫反射部分与 Lambert 模型是一致的，因此，如果不指定镜面反射系数，而只设定漫反射，其效果与 Lambert 是相同的。

引用下面的 Phong 材质（黄色的镜面高光，红色的散射光），并将它用于球体，可产生图 2−15 所示的效果，它看起来很像一个桌球。

```
material = new THREE.MeshPhongMaterial({
    color: 0xff0000,
    specular: 0xffff00,
    shininess: 100
});
```

图 2−15　Phong 材质

2.7.4　贴图材质

在此之前，使用的材质都是单一颜色的，有时候，我们希望使用图像作为材质。这时候，就需要导入图像作为纹理贴图，并添加到相应的材质中，基本的使用方法是：

（1）导入纹理：

```
var texture = THREE.ImageUtils.loadTexture('img/0.jpg');
```

（2）将材质的 map 属性设置为 texture：

```
var material = new THREE.MeshLambertMaterial({
    map: texture
});
```

在使用贴图材质时，有两种特别的情况：

（1）将 6 张图像应用于长方体，比如：

```
var maps=[];
maps.push(THREE.ImageUtils.loadTexture('img/01.jpg'));
maps.push(THREE.ImageUtils.loadTexture('img/02.jpg'));
maps.push(THREE.ImageUtils.loadTexture('img/03.jpg'));
maps.push(THREE.ImageUtils.loadTexture('img/04.jpg'));
maps.push(THREE.ImageUtils.loadTexture('img/05.jpg'));
```

```
maps.push(THREE.ImageUtils.loadTexture('img/06.jpg'));
var materials = [];
materials.push(new THREE.MeshBasicMaterial({map:maps[0] }));
materials.push(new THREE.MeshBasicMaterial({map:maps[1] }));
materials.push(new THREE.MeshBasicMaterial({map:maps[2] }));
materials.push(new THREE.MeshBasicMaterial({map:maps[3] }));
materials.push(new THREE.MeshBasicMaterial({map:maps[4] }));
materials.push(new THREE.MeshBasicMaterial({map:maps[5] }));
var cube = new THREE.Mesh(
    new THREE.CubeGeometry(1,1,1),
    new THREE.MeshFaceMaterial(materials)
);
```

（2）重复填充，比如围棋棋盘：

```
var texture = THREE.ImageUtils.loadTexture('img/chess.jpg');
texture.wrapS = texture.wrapT = THREE.RepeatWrapping;
texture.repeat.set(10, 10);
```

这样，chess.jpg 图像将会在水平和垂直方向上重复填充 10 次，经常用于地板、墙砖等场合。

另外要注意一点，WebGL 规定，用于重复填充的纹理图片，其尺寸（包括宽度和高度）必须是 2 的指数倍，如 128×128、512×128 等。

2.8　深入了解灯光

图像渲染的丰富效果很大程度上归功于光与影的利用。真实世界中的光影效果非常复杂，但是其本质——光的传播原理却又是非常单一的，这便是自然界繁简相成的又一例证。为了使计算机模拟丰富的光照效果，人们提出了几种不同的光源模型（环境光、平行光、点光源、聚光灯等），在不同场合下组合利用，将能达到很好的光照效果。

在 Three.js 中，光源与阴影的创建和使用是十分方便的。在学会了如何控制光影的基本方法之后，如果能将其灵活应用，将能使场景的渲染效果更加丰富逼真。本节我们将探讨 4 种常用的光源（环境光、点光源、平行光、聚光灯）和阴影带来的效果。

2.8.1　环境光

环境光是指场景整体的光照效果，是由于场景内若干光源的多次反射形成的亮度一致的效果，通常用来为整个场景指定一个基础亮度。因此，环境光没有明确的光源位置，在各处形成的亮度也是一致的。

在设置环境光时，只需要指定光的颜色：

```
THREE.AmbientLight(hex)
```

其中，hex 是十六进制的 RGB 颜色信息，如红色表示为 0xff0000。

创建环境光并将其添加到场景中的完整做法是：

```
var light = new THREE.AmbientLight(0xffffff);
scene.add(light);
```

实践当中，如果场景中没有任何物体，只是添加了这个环境光，那么渲染的结果仍然是一片黑。

特别需要注意的是：环境光作用于物体时，受物体材质的 ambient 属性影响，表示的是物体反射环境光的能力，Three.js 中 ambient 属性的默认值是 0xffffff，即对于红、绿、蓝三种通道均能足量反射。如果设置环境光为非白色，并且修改物体的 ambient 属性，可能会产生意想不到的结果，比如：

```
var light = new THREE.AmbientLight(0xff0000);    // 红色的环境光
scene.add(light);
var Cube = new THREE.Mesh(
    new THREE.CubeGeometry(2, 2, 2),
    new THREE.MeshLambertMaterial({ambient: 0x00ff00})
    );           // 绿色的立方体
scene.add(greenCube);
```

最终该立方体会被渲染成黑色，这是因为不透明物体的颜色其实是其反射光的颜色，对于 ambient 属性为 0x00ff00 的物体，红色通道是 0，而环境光是完全的红光，因此该立方体不能反射任何光线，最终的渲染颜色就是黑色；如果 ambient 属性设置为 0xffffff，最终的渲染颜色会是红色，因为红色通道是 0xff，能反射所有的红光。

因此，环境光通常使用白色或者灰色作为整体光照的基础。一般地，环境光不适合设置得过于明亮，取一个中间的值效果较好，如 0x505050。

2.8.2　点光源

点光源不计光源大小，可以看作由一个点发出的光源。点光源照到不同物体表面的亮度是线性递减的，因此，离点光源距离越远的物体会显得越暗。

点光源的构造函数是：

```
THREE.PointLight(hex, intensity, distance)
```

其中，hex 是光源十六进制的颜色值；intensity 是亮度，默认值为 1，表示 100% 亮度；distance 是光源最远照射到的距离，默认值为 0。

创建点光源并将其添加到场景中的完整做法是：

```
var light = new THREE.PointLight(0xffffff, 1, 100);
light.position.set(0, 2, 2);
scene.add(light);
```

点光源的作用效果如图 2-16 所示。

2.8.3　平行光

我们都知道，太阳光常常被看作平行光，这是因为相对地球上物体的尺度而言，太阳离我们的距离足够远。对于任意平行的平面，平行光照射的亮度都是相同的，而与平面所在位置无关。

图 2-16　点光源

平行光的构造函数是：

```
THREE.DirectionalLight(hex, intensity)
```

其中，hex 是光源十六进制的颜色值；intensity 是亮度，默认值为 1，表示 100% 亮度。

此外，对于平行光而言，设置光源位置尤为重要，比如：

```
var light = new THREE.DirectionalLight(0xffffff, 1);
light.position.set(0, 2, 2);
scene.add(light);
```

注意，这里设置光源位置并不意味着所有光从 (0, 2, 2) 点射出（如果是，就成了点光源），

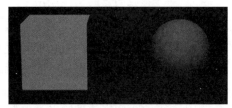

而是意味着，平行光将以矢量 (0, −2, −2) 的方向照射到所有平面。因此，平面亮度与平面的位置无关，而只与平面的法向量相关。只要平面是平行的，那么得到的光照也一定是相同的。

平行光的作用效果如图 2−17 所示。

图 2−17　平行光

2.8.4　聚光灯

聚光灯是一种特殊的点光源，它能够朝着一个方向投射光线。聚光灯投射出的是类似圆锥形的光线，这与我们现实中看到的聚光灯是一致的。

其构造函数为：

```
THREE.SpotLight(hex, intensity, distance, angle, exponent)
```

相比点光源，多了 angle 和 exponent 两个参数。angle 是聚光灯的张角，默认值是 Math. PI / 3，最大值是 Math.PI / 2；exponent 是光强在偏离 target 的衰减指数（target 需要在之后定义，默认值为 (0, 0, 0)），默认值是 10。

在调用构造函数之后，除了设置光源本身的位置，一般还需要设置 target：

```
light.position.set(x1, y1, z1);
light.target.position.set(x2, y2, z2);
```

除了设置 light.target.position 的方法外，如果想让聚光灯跟着某一物体移动，可以指定 target 为该物体，比如：

```
var cube = new THREE.Mesh(
    new THREE.CubeGeometry(1, 1, 1),
    new THREE.MeshLambertMaterial({color: 0x00ff00})
);

var light = new THREE.SpotLight(0xffff00, 1, 100, Math.PI / 6, 25);
light.target = cube;
```

聚光灯的作用效果如图 2−18 所示。

2.8.5　阴影

明暗是相对的，阴影的形成也就是因为比周围获得的光照更少。因此，要形成阴影，光源必不可少。

在 Three.js 中，能形成阴影的光源只有 THREE. DirectionalLight 与 THREE.SpotLight；而相对地，能表现阴影效果的材质只有 THREE.LambertMaterial 与 THREE. PhongMaterial。

图 2−18　聚光灯

（1）需要在初始化时告诉渲染器渲染阴影：

```
renderer.shadowMapEnabled = true;
```

（2）对于光源以及所有要产生阴影的物体调用：

```
object.castShadow = true;
```

（3）对于接收阴影的物体调用：

```
object.receiveShadow = true;
```

比如，场景中一个平面上有一个正方体，想要让聚光灯照射在正方体上，产生的阴影投射在平面上，那么就需要对聚光灯和正方体调用 castShadow = true，对于平面调用 receiveShadow = true。

以上就是产生阴影效果的必要步骤了，不过通常还需要设置光源的阴影相关属性，才能正确显示出阴影效果。

对于聚光灯，需要设置 shadowCameraNear、shadowCameraFar、shadowCameraFov（表示张角）三个值，只有介于 shadowCameraNear 与 shadowCameraFar 之间的物体才会产生阴影。

对于平行光，需要设置 shadowCameraNear、shadowCameraFar、shadowCameraLeft、shadowCameraRight、shadowCameraTop 以及 shadowCameraBottom 6 个值，相当于正交投影摄像机的 6 个面。同样，只有在这 6 个面围成的长方体内的物体才会产生阴影效果。

如果想要修改阴影的深浅，可以通过设置 shadowDarkness，该值的范围是 0 ~ 1，越小越浅。为了看到阴影摄像机的位置，通常可以在调试时开启 light.shadowCameraVisible = true。至此，阴影效果已经能正常显示。

图 2-19 是利用透视摄像机产生阴影的效果图，完整的代码如下：

图 2-19　阴影效果

```
<!DOCTYPE html PUBLIC "-//W3C//DTD XHTML 1.0 Transitional//EN" "http://
www.w3.org/TR/xhtml1/DTD/xhtml1-transitional.dtd">
<html xmlns="http://www.w3.org/1999/xhtml" >
<head>
    <title> 透视摄像机阴影设置 </title>
     <style type="text/css">
       *{ margin:0px;padding:0px;}
     </style>
    <script type="text/javascript" src="libs/three.js"></script>
    <script src="libs/FirstPersonControls.js"></script>
    <script type="text/javascript">
        var clock = new THREE.Clock();  // 初始化时钟
        var controls;                   // 控制摄像机
        var renderer;
        function initThree() {
            var canvas = document.getElementById('canvas-frame');
            canvas.style.width = document.documentElement.clientWidth + 'px';
            canvas.style.height = document.documentElement.clientHeight + 'px';
```

```
        width = document.getElementById('canvas-frame').clientWidth;
        height = document.getElementById('canvas-frame').clientHeight;
        renderer = new THREE.WebGLRenderer({ antialias: true });
        renderer.setSize(width, height);
        document.getElementById('canvas-frame').
            appendChild(renderer.domElement);
        renderer.setClearColorHex(0x505050, 1.0);
        renderer.shadowMapEnabled = true;              // 影子有效
    }
    var camera;
    function initCamera() {
        camera = new THREE.PerspectiveCamera(45, width / height, 1, 10000);
        camera.position.set(-1, 0.5, 10);
        camera.up.x = 0;
        camera.up.y = 1;
        camera.up.z = 0;
        camera.lookAt({ x: 0, y: 0, z: 0 });
        controls = new THREE.FirstPersonControls(camera);
        controls.movementSpeed = 1;
        controls.lookSpeed = 0.01;
        controls.noFly = false;
        controls.lookVertical = true;
        controls.lon = -90;        // 摄像机逆时针旋转 90°
        this.focus();
    }
    var scene;
    function initScene() {
        scene = new THREE.Scene();
    }
    var light;
    function initLight() {
        light = new THREE.DirectionalLight(0xffffff, 1.0); //设置平行光源
        light.position.set(1, 2, 0);
        light.castShadow = true;                      // 光源产生影子
        light.shadowCameraNear = 1;
        light.shadowCameraFar = 5;
        light.shadowCameraLeft = -4;
        light.shadowCameraRight = 4;
        light.shadowCameraTop = 4;
        light.shadowCameraBottom = -4;
        light.shadowDarkness = 0.5;
        light.shadowCameraVisible = true;
        scene.add(light);
        scene.add(new THREE.AmbientLight(0x101010));
    }
    var earth, moon, moon_mesh, cube, cube1, cube2, cube3, cube4;
    function initObject() {
        var texture = new THREE.MeshLambertMaterial(
            {map: THREE.ImageUtils.loadTexture('images/earth.jpg') });
```

```
            earth = new THREE.Mesh(new THREE.SphereGeometry(0.5,32,32), texture);
            earth.position.set(0, 0, 0);
            scene.add(earth);
            earth.castShadow = true;                    // 地球带影子
            var t = new THREE.MeshLambertMaterial(
                { map: THREE.ImageUtils.loadTexture('images/moonmap.jpg') });
            moon_mesh=new THREE.Mesh(new THREE.SphereGeometry(0.2,32,32), t);
            moon_mesh.position.set(2, 0.1, 0);
            moon_mesh.castShadow = true;                // 月亮带影子
            scene.add(moon_mesh);
            moon = new THREE.Object3D();
            moon.add(moon_mesh);
            scene.add(moon);
            cube = new THREE.Mesh(
                new THREE.CubeGeometry(5, 0.1, 5),
                new THREE.MeshLambertMaterial({ color: 0x336699 })
                );
            cube.receiveShadow = true;                  // 投影到此处
            scene.add(cube);
            cube.position.set(0, -1, 0);
            cube1 = new THREE.Mesh(new THREE.CubeGeometry(0.2, 1, 0.2), new
THREE.MeshLambertMaterial({ color: 0xff0000 }));
            cube1.position.set(-2, -0.5, 2);
            cube.add(cube1);
            cube2 = new THREE.Mesh(new THREE.CubeGeometry(0.2, 1, 0.2), new
THREE.MeshLambertMaterial({ color: 0xff0000 }));
            cube2.position.set(2, -0.5, 2);
            cube.add(cube2);
            cube3 = new THREE.Mesh(new THREE.CubeGeometry(0.2, 1, 0.2), new
THREE.MeshLambertMaterial({ color: 0xff0000 }));
            cube3.position.set(-2, -0.5, -2);
            cube.add(cube3);
            cube4 = new THREE.Mesh(new THREE.CubeGeometry(0.2, 1, 0.2), new
THREE.MeshLambertMaterial({ color: 0xff0000 }));
            cube4.position.set(2, -0.5, -2);
            cube.add(cube4);
        }
        var t = 0;   // 地球自转
        var t1 = 0;  // 月亮自转
        var t2 = 0;  // 月亮公转
        function loop() {
            t += 0.01;
            t1 += 0.006;
            t2 += 0.003;
            earth.rotation.set(0, t, 0);
            moon_mesh.rotation.set(0, t1, 0);
            moon.rotation.set(0, t2, 0);
            var delta = clock.getDelta();
            controls.update(delta);
```

```
            renderer.clear();
            renderer.render(scene, camera);
            window.requestAnimationFrame(loop);
        }
        function threeStart() {
            initThree();
            initCamera();
            initScene();
            initLight();
            initObject();
            loop();
        }
    </script>
    </head>
    <body onload="threeStart();">
    <div id="canvas-frame"></div>
    </body>
    </html>
```

请注意本例中使用了子类与层级动画的概念，其中，本书 2.4 小节中曾经提到过，月亮公转和桌腿的添加都使用了子类的方法。

2.9　编程方法指导

到目前位置，我们已经基本了解了 Three.js 和 Sim.js 框架的使用方法，并且也有了一定的网格、灯光、材质等方面的 3D 图形学知识，完成一些简单的应用程序已经没有问题了。

但要完成一个综合的应用程序，还需要掌握一些 JavaScript 的高级编程方法；如果要连接数据库，还需要掌握一些 Web 服务器端的开发技术，如果读者并不十分了解这些技术，那么请在阅读本书新的章节之前，请先阅读本节余下的内容。

2.9.1 节 ~ 2.9.4 节的内容，本书所介绍的方法并非是唯一和权威的，更多的是编者自己的编程经验，这些知识对于我们学习 WebGL 开发来说够用了，但却不一定是最优的。因此，您完全可以根据自己的编程习惯，适当地修正相关代码。

2.9.1　JavaScript 面向对象编程方法

JavaScript 本身并不支持面向对象的编程机制，但由于面向对象编程良好的封装性，我们经常需要在 JavaScript 中模拟面向对象的编程方法，以追求良好的可阅读性和易维护性。

有很多种方法可以在 JavaScript 中模拟出"类"的概念，本书介绍其中最常用、最易于理解的一种方法。

1."类"的声明

```
var Dog = function(name,age) {
    this.Name = name;
    this.Age = age;                            // 私有变量
}
Dog.prototype.Category = "狗类";              // 静态变量
```

```
Dog.prototype.MakeSound = function(something){    // 类的方法
    alert(something);
}
```

上面的代码模拟了一个 Dog 类，它有两个私有变量 this.Name 和 this.Age，一个静态变量 Category，一个方法 MakeSound。如何声明 Dog 类的实例呢？请看下面的代码。

2．"类"的实例化

```
var dog01 = new Dog("土狗",2);
var dog02 = new Dog("黄狗",5);
alert(dog01.Name);              //显示 " 土狗 "
alert(dog02.Age);              //显示 "5"
```

使用 new 关键字声明类的实例，这儿我们实例化了 2 个对象，dog01 和 dog02（尽管不是必须如此，但一般建议类的名称以大写开头，对象的名称以小写开头），同时传入了 Name 和 Age 两个参数，接下来可以使用"对象名．属性名"的格式来访问私有变量（在真正意义上的面向对象机制中，是不能在类之外以任何方式访问类当中的私有和保护成员变量的），如 dog01.Name。

3．访问"静态变量"

静态变量对于所有的同类对象来说都是相同的，比如下面的两行代码将弹出相同的对话框："狗类"。

```
alert(dog01.Category);
alert(dog02.Category);
```

4．调用"方法"

方法的调用和属性类似，比如：

```
dog01.MakeSound(" 汪汪 ");
dog02.MakeSound(" 喵喵 ");
```

第一行代码会弹出"汪汪"，第二行代码会弹出"喵喵"。

5．修改"静态变量"

修改类的静态变量时，所有该类的对象会同时发生变化，比如：

```
Dog.prototype.Category = "犬类";
alert(dog01.Category);
alert(dog02.Category);
```

这两行代码会弹出相同的对话框："犬类"。

6．"类"的继承

如果我们需要声明一个新的"类"：獒，它显然应该继承自 Dog 类，如何声明呢？

```
var Mastiff = function(name ,age){
    Dog.call(this,name,age);
}
Mastiff.prototype = new Dog;
```

请注意上述代码中的第 2 句不能少，它保证了 Mastiff 类可以调用 Dog 类的方法，千万记住，我们只是在模拟"类"，不是真正的面向对象编程。

继承的类在实例化时没有任何区别，比如：

```
var mastiff = new Mastiff(" 藏獒 ",10);
alert(mastiff.Name);
alert(mastiff.Age);
mastiff.MakeSound(" 哄哄 ");
```

2.9.2　JavaScript 异步编程方法

JavaScript 的执行环境是"单线程"（Single Thread）的，所谓"单线程"，就是指一次只能完成一件任务。如果有多个任务，就必须排队，前面一个任务完成，再执行后面一个任务，依此类推。

这种模式的好处是实现起来比较简单，执行环境相对单纯；坏处是只要有一个任务耗时很长，后面的任务都必须排队等着，会拖延整个程序的执行。常见的浏览器无响应（假死），往往就是因为某一段 JavaScript 代码长时间运行（比如死循环），导致整个页面卡在这个地方，其他任务无法执行。为了解决这个问题，JavaScript 将任务的执行模式分成两种：同步（Synchronous）和异步（Asynchronous）。

"同步模式"就是单线程的模式，后一个任务等待前一个任务结束，然后再执行，程序的执行顺序与任务的排列顺序是一致的、同步的；"异步模式"则完全不同，每一个任务有一个或多个回调函数（callback），前一个任务结束后，不是执行后一个任务，而是执行回调函数，后一个任务并不等待前一个任务结束，而是立即执行，所以程序的执行顺序与任务的排列顺序是不一致的、异步的。

"异步模式"非常重要。在浏览器端，耗时很长的操作都应该异步执行，以避免浏览器失去响应，比如 Ajax 操作。有很多种方法可以实现异步模式编程，本书介绍其中最易理解的一种方法——"发布 / 订阅"方法。

我们假定，存在一个"信号中心"，某个任务执行完成，就向信号中心"发布"（Publish）一个信号，其他任务可以向信号中心"订阅"（Subscribe）这个信号，从而知道什么时候自己可以开始执行。这就叫做"发布 / 订阅模式"（Publish-Subscribe Pattern），又称"观察者模式"（Observer Pattern）。

下面以 Ben Alman 的 Tiny Pub/Sub（jQuery 的一个插件）插件为例说明"发布 / 订阅"方法的工作原理。（注：插件来自 http://plugins.jquery.com/tiny-pubsub/，相关注意事项请参考网站说明）

1．订阅信号

f2 向信号中心 jQuery 订阅 "done" 信号。

```
$.subscribe("done", f2);
```

2．发布信号

改写 f1 如下：

```
function f1(){
    setTimeout(function () {
    // f1 的任务代码
```

```
    $.publish("done");
    }, 1000);
  }
```

$.publish("done") 的意思是，f1 执行完成后，向信号中心 jQuery 发布 "done" 信号，从而引发 f2 的执行。此外，f2 完成执行后，也可以取消订阅（unsubscribe），如：$.unsubscribe ("done", f2)，完整的程序如下：

```
<script type="text/javascript" src="libs/jquery-1.11.3.js"></script>
<script type="text/javascript" src="libs/tiny-pubsub.js"></script>
<script type="text/javascript">
$(document).ready(
    function() {
        var f2=function(){
            alert('f2 run');
        };
        $.subscribe("done", f2);
        function f1(){
            setTimeout(function () {
            // f1 的任务代码
            $.publish("done");
            }, 1000);
        }
        f1();
    }
);
</script>
```

程序的运行结果是 1 s 后弹出对话框 f2 run。这种方法的性质与事件监听类似，我们可以通过查看"消息中心"了解存在多少信号、每个信号有多少订阅者，从而监控程序的运行。

在 Sim.js 框架中，消息的订阅与发布机制被封装到了 Sim.Publisher 类当中，这个类也是 Sim.App 和 Sim.Object 类的基类，因此，后面的两个类均能使用 " 发布 / 订阅 " 机制。我们简单浏览一下 Sim.Publisher 类的关键代码：

```
Sim.Publisher = function() {
    this.messageTypes = {};
}
Sim.Publisher.prototype.subscribe = function(message, subscriber, callback) {
    var subscribers = this.messageTypes[message];
    if (subscribers)
    {
        if (this.findSubscriber(subscribers, subscriber) != -1)
        {
            return;
        }
    }
    else
    {
        subscribers = [];
        this.messageTypes[message] = subscribers;
```

```
    }
        subscribers.push({ subscriber : subscriber, callback : callback });
    }
Sim.Publisher.prototype.publish = function(message) {
    var subscribers = this.messageTypes[message];
    if (subscribers)
    {
        for (var i = 0; i < subscribers.length; i++)
        {
            var args = [];
            for (var j = 0; j < arguments.length - 1; j++)
            {
                args.push(arguments[j + 1]);
            }
            subscribers[i].callback.apply(subscribers[i].subscriber, args);
        }
    }
}
```

此处只列出了 Sim.Publisher 类的两个关键函数：subscribe 和 publish（代码中粗体部分），分别代表了消息订阅和消息发布，除此外，还有另外两个函数，分别是 findSubscriber 和 unsubscribe。

请注意 subscribe 函数的三个参数：message、subscriber 和 callback，它们分别指明了要订阅的消息、订阅者和回调函数，在调用该函数时要注意三者的顺序。

2.9.3 AJAX 异步网页更新方法

AJAX 即 Asynchronous JavaScript And XML（异步 JavaScript 和 XML），是指一种创建交互式网页应用的网页开发技术。通过在后台与服务器进行少量数据交换，AJAX 可以使网页实现异步更新。这意味着可以在不重新加载整个网页的情况下，对网页的某部分进行更新。传统的网页（不使用 AJAX）如果需要更新内容，必须重载整个网页页面。

AJAX 的核心是 JavaScript 对象 XMLHttpRequest。该对象在 Internet Explorer 5 中首次引入，它是一种支持异步请求的技术。简而言之，XMLHttpRequest 使用户可以使用 JavaScript 向服务器提出请求并处理响应，而不阻塞用户。

1．基于原生 JavaScript 的 AJAX 方法

定义异步处理函数：

```
getpara = function () {
    var xmlhttp;
    if (window.XMLHttpRequest) { xmlhttp = new XMLHttpRequest(); }
        // code for IE7+, Firefox, Chrome, Opera, Safari
    else { xmlhttp = new ActiveXObject("Microsoft.XMLHTTP") };
        // code for IE6, IE5
    xmlhttp.open("GET", "ajax.asp&k=" + Math.random(), true); // 注释1
    xmlhttp.send();
    xmlhttp.onreadystatechange = function () {
        if (xmlhttp.readyState == 4 && xmlhttp.status == 200) { // 注释2
```

```
                    var txt = xmlhttp.responseText;
                    // 或者 var xmlDoc = xmlhttp.responseXML，前者处理非 XML 数据，
                    // 后者处理 XML 数据
                }
            }
        }
```

请注意代码中注释 1 部分，它请求了 ajax.asp 页面，并传入了一个随机数，这可以解决页面缓存问题，保证得到的是最新的数据；注释 2 部分通过 readyState 和 status 两个参数来判断后台数据是否已经全部下载到了页面端，如果准备好了，那么更新前台页面。

什么时候运行 getpara 函数呢？这取决于前端页面的需求，通常 onload、onscroll、onmouseover、onclick 等事件都是运行 AJAX 的合理时机。

2．基于 jQuery 的 AJAX 方法

通过前面的例子我们发现，直接通过原生 JavaScript 书写 AJAX 程序是比较烦琐的，要处理很多细节问题。jQuery 对这些细节问题进行了封装，并提供了很多接口函数，比如：jQuery.ajax()、jQuery.get()、jQuery.getJSON()、.load()、jQuery.post() 等（参考：http://www.w3school.com.cn/jquery/jquery_ref_ajax.asp），我们可以直接调用，比如：

```
$(document).ready(function(){
    $("#b01").click(function(){
        htmlobj=$.ajax({url:"/jquery/test1.txt",async:false});
        $("#myDiv").html(htmlobj.responseText);
    });
});
```

2.9.4　JSON 数据交换格式

在 Web 服务器和浏览器之间经常需要进行数据交换，XML 和 JSON 是其中应用最多的两种数据交换格式，两者都有很好的扩展性，性能上也不分上下。但是，Web 应用程序中一般使用 JavaScript 作为开发语言，而 JSON 与 JavaScript 具有天然的适应性，可以存储 Javascript 复合对象，有着 XML 不可比拟的优势，因此，本书重点介绍 JSON 格式及其使用方法。

JSON（JavaScript Object Notation）是一种轻量级的数据交换格式，是 ECMAScript 的一个子集，采用完全独立于语言的文本格式，易于阅读和编写，同时易于机器解析和生成。尤其重要的是，JavaScript 对象的格式与 JSON 文本格式是完全相同的，甚至有时候我们都不做严格的区分。也可以这么理解，JSON 只是一种格式，若要进行访问，则先要被转成 JavaScript 对象。下面我们尽量以最简洁、最直观的方式说明如何定义和使用 JSON。

1．JSON 格式

JSON 格式非常简单：

```
{ key : value , key : value }
```

2．典型的 JSON 数组

实际当中，多行的数据通常以 JSON 数组的方式传递到浏览器端，比如：

```
var employees = [
{ firstName:"Bill" , lastName:"Gates" },
```

```
  { firstName:"George" , lastName:"Bush" },
  { firstName:"Thomas" , lastName: "Carter" }
];
```

接下来，可以使用 employees 数组来访问和修改数据了，比如：

访问数据：

```
alert(employees[0].lastName);              // 弹出 "Gates"
```

修改数据：

```
employees[0].lastName = "Jobs";
```

3．JSON 数据类型

常用的 JSON 数据类型有：

- 数字（整数或浮点数）；
- 字符串（在双引号中）；
- 逻辑值（true 或 false）；
- 数组（在方括号中）；
- 对象（在花括号中）。

4．动态创建 JSON 对象

实践中，经常需要动态创建 JavaScript 对象，即 Web 服务器端传回了 JSON 格式的字符串，然后需要在浏览器端将该字符串转为 JavaScript 对象，以便后续进行访问和修改相关内容。比如，有一段文本 txt 如下：

```
var txt = '[' +
'{ firstName:"Bill" , lastName:"Gates" },' +
'{ firstName:"George" , lastName:"Bush" },' +
'{ firstName:"Thomas" , lastName:"Carter" }'+
']';
```

如何将这段 JSON 文本转换为 JSON 对象呢？可以使用 eval 函数：

```
var Jobj = eval("(" + txt + ")");
```

接下来就可以使用 Jobj 对象来访问数据了，比如：Jobj[0].lastName。

5．封装 JSON 字符串

JSON 字符串的封装一般在服务端完成，根据 Web 服务器技术的不同，封装的方法也不一样。以 ASP.net 为例，可以使用系统提供的 ConvertJson 类直接完成封装，比如：

```
string str = ConvertJson.ToJson(ds.Tables[0]);
context.Response.Write(str);
```

如果没有合适的封装工具，自己写一个也是可以的，它并不复杂，直接利用字符串相加就能实现。

AJAX + JSON 的组合运用可以产生很好的互动效果，比如网页加载时只显示部分内容，当用户滚动到页面底端时则再次加载，这样的设计可以提高页面的响应效率。现在，移动端的 Web 程序一般都是这样实现的。

课后练习

1. 利用 Three.js 引擎和 CubeGeometry 几何体，绘制一张餐桌，由一个桌面和 4 条桌腿组成，桌腿作为桌面的子类，辅以合适的灯光、材质、摄像机，尽可能使得场景符合现实实际。

2. 利用 ParticalSystem 粒子系统，开发一个焰火效果。

3. 利用 Sim.js 框架，基于真实的太阳系数据（如大小、远近、速度等），创建完整的太阳系模拟运行动画。

4. 结合自定义 geometry、UV 贴图、合并几何体等知识，构建一个完整的赛车跑道场景。

交互篇

交互是 Web 的生命力，与传统 Web 相比，Web3D 中的交互面临更多问题，包括 3D 空间中的目标拾取、3D 空间中的目标拖动、地形跟随、法线运算、键盘事件、场景漫游等。WebGL 本身并不提供交互，Three.js 内置了交互功能。

Three.js 通过 THREE.Projector 和 THREE.Raycaster 两个主要的类实现基本的交互功能，前者用于 3D 坐标和视窗坐标之间的相互转换，后者用于生成从目标点到摄像机的射线。所谓视窗坐标是指用户屏幕上，原点在中间，x 轴和 y 轴取值范围从 −1 到 1 之间的一个平面坐标，左下角为（−1，−1），水平向右、垂直向上递增，右上角为（1，1），它通常由鼠标坐标转换而来。视窗坐标然后被转换成 3D 空间中的一个点，从摄像机位置向这个点发射一条射线（使用 THREE.Raycaster 类），无限伸向远方，在摄像机的近裁剪面（即视窗）和远裁剪面之间，任何与这条射线相交的物体都被认为处于鼠标指针下方。

另一种交互方法是键盘按键操作，相对来说要简单很多。在 Sim.js 框架中，常用的鼠标事件和键盘事件如表 3−1 和表 3−2 所示。

表 3−1　Sim.js 框架中常用的鼠标事件

事　　件	触 发 时 机	应 用 场 合
handleMouseScroll	鼠标滚轮	场景放大、缩小
handleMouseOver	鼠标经过	提示用户选中（通过改变对象的大小、颜色等）
handleMouseOut	鼠标移出	提示用户移出（通过改变对象的大小、颜色等）
handleMouseMove	鼠标移动	处理拖动事件
handleMouseDown	鼠标按下	单击事件处理
handleMouseUp	鼠标松开	单击事件处理

表 3−2　Sim.js 框架中常用的键盘事件

事　　件	触 发 时 机	应 用 场 合
handleKeyDown	键盘按下	键盘按下事件处理，如加速
handleKeyUp	键盘释放	键盘按下事件处理，如停止加速
handleKeyPress	按下键盘	其他键盘事件，如输入文本

3.1 目标拾取

3.1.1 目标拾取的工作原理

下面的代码描述了拾取（Picking）操作的基本原理：

```
function onDocumentMouseMove( event ) {
    //计算视窗坐标
    mouse.x = ( event.clientX / window.innerWidth ) * 2 - 1;
    mouse.y = - ( event.clientY / window.innerHeight ) * 2 + 1;
    var vector = new THREE.Vector3( mouse.x, mouse.y, 0.5 );
    //转成3D坐标
    projector.unprojectVector( vector, camera );
    //生成从摄像机到目标点的射线
    raycaster.set( camera.position, vector.sub( camera.position ).normalize() );
    //计算与射线相交的所有目标对象
    var intersects = raycaster.intersectObjects( scene.children );
    if ( intersects.length > 0 ) {  //有目标对象
        //处理事件
    }
}
```

代码中粗体部分生成了一条从摄像机到目标点的射线，其原理图如图 3-1 所示。如何构建由 A 到 B 的一条射线呢？这儿要用到向量相减的知识，即 $\overrightarrow{OB} - \overrightarrow{OA}$。raycaster.set 方法需要提供两个参数：一个是起始点，即 camera.position；一个是方向向量，即 vector.sub(camera.position).normalize()，其中，vector 代表 OB 向量，sub 是 THREE.Vector3 封装的一个向量相减的方法，camera.position 代表 $\overrightarrow{OA}$ 向量，normalize 是向量归一化，因为我们只需要方向信息，不关心向量的大小。

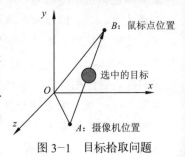

图 3-1　目标拾取问题

在 Sim.js 框架中，这部分代码被封装到了 Application 和 Object 类当中，便于用户通过鼠标事件直接进行编程，而不用考虑坐标转换、射线选取这些底层细节问题。

3.1.2 目标拾取实例

Sim.js 框架将坐标转换、射线生成、目标选取这些复杂的操作封装到了鼠标事件中，这样一来，程序员只需编写相应的鼠标事件处理程序即可，大大降低了程序的难度，提高了可读性，易于理解和排错。

本例在场景中放置了 5 个星球，分别是太阳、地球、月亮、水星和火星，当鼠标经过它们时，放大 1.05 倍，并加入环境光，提示用户选中；当鼠标单击它们时，动画移至屏幕中央并放大显示，再次单击时则返回原位，网页效果如图 3-2 所示。脚本文件的主要代码如下，部分代码的解释穿插在了代码中间进行。

图 3-2　目标拾取

```
App = function(){
    Sim.App.call(this);
}
App.prototype = new Sim.App();
App.prototype.init = function(param){
    Sim.App.prototype.init.call(this, param);
    var light = new THREE.DirectionalLight( 0xffffff,1);
    light.position.set(1, 0, 1).normalize();
    this.scene.add(light);
    this.camera.position.set(0, 1.5, 10);
    this.camera.lookAt({x:0,y:2,z:0});
    this.Balls = [];
    var sun = new Ball();
    sun.init({ id : 1, icon : "images/sunmap.jpg", name : "sun" });
    this.addObject(sun);
    this.Balls.push(sun);
    var earth = new Ball();
    earth.init({ id : 2, icon : "images/earthmap.jpg", name : "earth" });
    this.addObject(earth);
    this.Balls.push(earth);
    ...    // 依次添加月亮、水星、火星
    // 所有的星球都是 Ball 类的实例, 此处使用 JSON 对象来传递初始化参数, 如果不熟悉 JSON,
    // 请参考本书 2.9.4 小节
    this.layoutBalls();                    // 布局所有对象
    this.selectedBall = null;              // 当前选中的对象
}
App.prototype.layoutBalls = function(){
    var scale = 2.5;
    var nBalls = this.Balls.length;
    var left = (nBalls - 1 )/ 2 * -scale;
    var i;
    var x = left,y = 0, z = 0;
    for (i = 0; i < nBalls; i++){
        this.Balls[i].setPosition(x, y, z);
        x += scale;
        this.Balls[i].subscribe("selected", this, this.onBallSelected)
    // 每个星球都订阅了 "selected" 消息, 如果收到该消息, 则执行 onBallSelected 函数。
    // 此处使用 JavaScript" 订阅 / 发布 " 模式的异步编程方法, 如果不熟悉这部分内容, 请
    // 参考本书 2.9.2 小节
    }
}
App.prototype.onBallSelected = function(ball, selected)
    //onBallSelected 函数要接收两个参数: ball 和 selected, 这两个参数由谁来传入的
    // 呢? 请参见后面的 publish 方法
{
    if (ball == this.selectedBall){
        if (!selected){
            this.selectedBall = null;
        }
    }
    else{
```

```
            if (selected){
                if (this.selectedBall){
                    this.selectedBall.deselect();
                }
                this.selectedBall = ball;
            }
        }
    }

App.prototype.update = function(){
    TWEEN.update();
    //TWEEN 动画的详细内容将在第 4 章详细介绍，现在只需知道它是基于 JavaScript 的一
    //个用于创建补间动画的库，功能非常强大。
    Sim.App.prototype.update.call(this);
}

Ball = function(){
Sim.Object.call(this);
}
Ball.prototype = new Sim.Object();

Ball.prototype.init =  function(param){
    this.id = param.id || 0;
    this.name = param.name || '';
    var icon = param.icon || '';
     var material = new THREE.MeshPhongMaterial( {map:THREE.ImageUtils.
loadTexture(icon) , ambient:0x555555 } );
    var mesh = new THREE.Mesh(new THREE.SphereGeometry(1,32,32),material);
    this.setObject3D(mesh);
    this.mesh = mesh;
    this.selected = false;
    this.overCursor = 'pointer';      //overCursor 变量是在 sim.js 中预定义的
    this.zizhuan=-0.005;
}

Ball.prototype.update = function(){
    this.object3D.rotation.y += this.zizhuan;
    Sim.Object.prototype.update.call(this);
}
Ball.prototype.handleMouseOver = function(x, y){ // 鼠标经过
    this.mesh.scale.set(1.05, 1.05, 1.05);
    this.mesh.material.ambient.setRGB(0.7, 0.7, 0.7);
}

Ball.prototype.handleMouseOut = function(x, y){          // 鼠标滑出
    this.mesh.scale.set(1, 1, 1);
    this.mesh.material.ambient.setRGB(0.2, 0.2, 0.2);
}

Ball.prototype.handleMouseDown = function(x, y, position){      // 鼠标单击
    if (this.selected){
```

```
            this.deselect();
        }
        else{
            this.select();
        }
    }

Ball.prototype.select = function(){
    if (!this.savedposition){
        this.savedposition = this.mesh.position.clone();
    }
    new TWEEN.Tween(this.mesh.position)
    .to({
        x : 0,
        y : 2,
        z: 6
        }, 500).start();
    this.selected = true;
    this.publish("selected", this, true);
    // 请联系到前面的 onBallSelected 函数。
    // 此处发布了 selected 消息，并传递了两个重要参数：this（本身）和 true（选中了），
    // 它们会在 onBallSelected 函数中被接收到。
}

Ball.prototype.deselect = function(){
    new TWEEN.Tween(this.mesh.position)
    .to({ x: this.savedposition.x,
          y: this.savedposition.y,
          z: this.savedposition.z
        }, 500).start();
    this.selected = false;
    this.publish("selected", this, false);
}
```

目标拾取操作是 3D 空间中所有交互的基础，Three.js 和 Sim.js 已经为我们做完了大部分的工作，我们只需完成一些事件处理程序就行了。然而，有些时候我们会有一些特殊的需求，通过 Three.js 和 Sim.js 封装的方法并不能直接达成目标，因此，理解拾取操作的内部工作过程仍然是很必要的，有助于我们编写一些底层的程序，比如目标拖动。

3.2 目标拖动

3.2.1 拖动操作的工作原理

拖动过程可以分解为三个步骤：鼠标按下、鼠标移动、鼠标释放，在 Sim.js 框架中，分别对应 handleMouseDown、handleMouseMove 和 handleMouseUp 事件，为相应的事件编写对应的程序即可实现拖动操作。

然而还需要注意一点，3D 空间中的拖动操作必须是基于某一个对象的，比如基于一个平面对目标进行拖动，如果没有这个对象，程序是无法判断鼠标的具体位置点的，这与 2D 坐标

系不同。因此，需要额外计算射线与该对象的交叉点，以便将拖动目标移动至该交叉点。注意，这个交叉点并不是 handleMouseMove 事件中传入的交叉点，它表示的是射线与拖动目标的交叉点。

3.2.2 目标拖动实例

以 3.1.2 节例子为基础，本例在一个平面内，利用鼠标实现拖动控制，网页效果图如图3-3所示。脚本文件的主要代码如下：

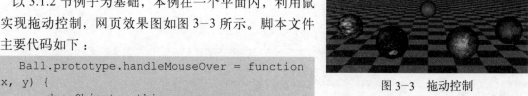

图3-3 拖动控制

```
Ball.prototype.handleMouseOver = function
(x, y) {
    dragObject = this;
}

Ball.prototype.handleMouseOut = function(x, y) {
    dragObject = null;
}

Ball.prototype.handleMouseDown = function(x, y, hitPoint, normal){
    this.selected = true;
}

Ball.prototype.handleMouseUp = function(x, y, hitPoint, normal) {
    this.selected = false;
}
Ball.prototype.handleMouseMove = function(x, y, hitPoint, normal) {
    if (this.selected){
        var plane = this.getApp().DragPlane;            // 获取拖动平面
        var camera = this.getApp().camera;
        var offset = $(this.getApp().renderer.domElement).offset();
        var eltx = x - offset.left;
        var elty = y - offset.top;
        var vpx = ( eltx / this.getApp().container.offsetWidth ) * 2 - 1;
        var vpy = - ( elty / this.getApp().container.offsetHeight ) * 2 + 1;
        var vector = new THREE.Vector3( vpx, vpy, 0.5 );
        this.projector.unprojectVector( vector, camera );
        var raycaster = new THREE.Raycaster( camera.position, vector.sub( camera.
position ).normalize() );
        var intersects = raycaster.intersectObjects( plane );
        this.object3D.position.copy( intersects[ 0 ].point);
    }
}
    //handleMouseMove 函数主要解决了目标拖动问题，此处特别要注意：尽管 handleMouse
    //Move 事件绑定在了 Ball 类上，但我们需要的其实是鼠标与拖动平面的交叉点，而不是鼠
    // 标与 Ball 的交叉点，因此，hitPoint 参数无法使用，需要重新计算。
```

与平面坐标系中的拖动不同，3D 空间中的拖动操作要求提供拖动平面，因为在从摄像机到鼠标对应的 3D 坐标点所辖射线范围内，有很多的目标点，var intersects = raycaster.intersectObject(plane) 语句指明了这条射线与拖动平面的交叉点。

3.2.3 深入了解 Raycaster 类

THREE.Raycaster 是 Three.js 的一个核心类，主要用于碰撞检测，其构造函数的两个主要参数是 origin 和 direction（归一化了的方向向量），这个类最核心的一个方法是 intersectObjects，即返回与该射线相交的所有对象。根据目标对象的不同（如 THREE.Sprite、THREE.LOD、THREE.Mesh、THREE.BufferGeometry 等），相交与否的计算方法也不同，Three.js 已经为我们做好了这部分工作，现在分析一下返回的 intersectObjects 变量。

intersectObjects 实际上是一个 JSON 数组，格式如下：

```
{distance: distance,point: object.position,face: null,object: object}
```

四部分的含义分别是距离、交叉点、交叉点所在的平面和目标对象，这 4 个参数包含的信息量很大，程序可按需引用。然而有一个隐式参数，它对我们非常有用却很难被直观察觉到，那就是交叉点的法线，它隐含在了 face 参数中，即 face.normal。

Sim.js 对这些参数进行了重新组合，提取了其中的两个参数 point 和 face.normal，并与鼠标的屏幕坐标 event.pageX 和 event.pageY 一起，绑定到了鼠标事件中。最终的调用方法变成：handleMouseMove(x, y, hitPoint, normal) 或者 handleMouseDown(x, y, hitPoint, normal) 或者 handleMouseUp(x, y, hitPoint, normal)，我们很快就能感受到这种封装带来的方便之处，比如获取交叉点的法线。

3.3 法线运算

3.3.1 法线运算的工作原理

法线是指垂直于平面的一个向量。在 Three.js 中，平面（Geometry.faces）是以三角形为基础来构建的，相应地，每个平面也都有自己的法线（face.normal）。法线的典型应用是地形跟随程序。如何在程序中计算平面 ABC 的法向量（见图 3-4）呢？可以使用向量外积方法求得，即 $\overrightarrow{BC} \times \overrightarrow{BA}$，按右手原则即可求得法向量，程序中一般只需要方向数据，不用考虑大小。

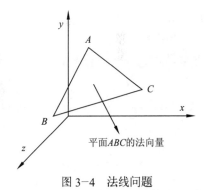

图 3-4 法线问题

其中向量 $\overrightarrow{BC}$ 和 $\overrightarrow{BA}$ 的构建可以使用 3.1.1 节所介绍的方法，比如 $\overrightarrow{BC} = \overrightarrow{OC} - \overrightarrow{OB}$。法线计算的基本过程可以简要描述如下：

```
var va = THREE.Vector3( ax, ay, az );
var vb = THREE.Vector3( bx, by, bz );
var vc = THREE.Vector3( cx, cy, cz );
var bc = vc.sub(vb);
var ba = va.sub(vb);
var normal = crossVectors(bc,ba);
```

最后一句代码的意思是为向量 $\overrightarrow{BC}$ 和 $\overrightarrow{BA}$ 做外积运算，normal 即为最终求得的法向量。

在 Three.js 中，三维向量的各种运算规则被封装到了 THREE.Vector3 类中（Math 库中）；平面被封装到了一个基类 THREE.face3 中；一个几何体会包含大量的平面，可以通过调用

Geometry 对象的 computeFaceNormals 方法一次性计算出所有平面的法线。Three.js 中该函数的完整代码如下：

```
computeFaceNormals: function (){
    var cb = new THREE.Vector3(), ab = new THREE.Vector3();
    for ( var f = 0, fl = this.faces.length; f < fl; f ++ ){
        var face = this.faces[ f ];
        var vA = this.vertices[ face.a ];
        var vB = this.vertices[ face.b ];
        var vC = this.vertices[ face.c ];
        cb.subVectors( vC, vB );
        ab.subVectors( vA, vB );
        cb.cross( ab );
        cb.normalize();
        face.normal.copy( cb );
    }
}
```

3.3.2 法线运算实例

在地形跟随等应用中，不但要计算目标对象与移动面的交叉点，还要要计算交叉点的法线向量。所谓法线是指垂直于移动面的一条射线，它可用于指示一个 3D 对象的朝向。如图 3-5 所示的锥形体，无论它处于球面的任何位置，总是垂直于球面并指向外空间的。在 Sim.js 框架中，已经将法线向量封装到了鼠标事件中，因此，程序不再需要写这部分的代码。比如：handleMouseMove(x, y, hitPoint, normal)，normal 即为返回的法线向量。

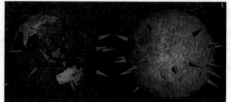

图 3-5　法线运算实例

程序的关键代码如下：

```
Ball.prototype.handleMouseMove = function(x, y, hitPoint, normal){
    this.normalIndicatorMesh.visible = true;
    this.normalIndicatorMesh.position.set(0,0,0);
    this.normalIndicatorMesh.lookAt(normal);            // 法线
    this.normalIndicatorMesh.position.copy(hitPoint);   // 坐标位置
}
```

请注意这段代码函数体中的后三条语句，它们的顺序不能颠倒。第一条语句先将锥形体移至坐标（0，0，0）；第二条语句利用 lookAt 函数修改锥形体的朝向，normal 参数即为交叉点的法线向量；第三条语句将锥形体移动至新的坐标位置（即射线与球面的交叉点），这是一种直观的算法。

另一种处理法线问题的算法是不改变锥形体的初始位置，直接修改锥形体的朝向，这种算法的动画效果更好，但要用到向量相加的知识，代码如下：

```
Ball.prototype.handleMouseMove = function (x, y, hitPoint, normal){
    this.normalIndicatorMesh.position.copy(hitPoint);
    var n = normal.clone();
    n.add(hitPoint);
    this.normalIndicatorMesh.lookAt(n);
}
```

3.4　键盘事件处理

3.4.1　键盘事件处理的一般方法

　　键盘交互是人机交互的另一个重要方面，用于实现一些利用鼠标无法实现的复杂控制，典型的应用如数据录入、游戏控制等。

　　在 Sim.js 框架中，键盘事件一般会定义在 App 类中，而不是 Object 类，这一点与鼠标事件处理不太相同，因为键盘事件一般是全局的，根据按键的不同处理不同的 Object 对象，常用的两个键盘事件是 handleKeyDown 和 handleKeyUp，它们都携带两个回传参数：keyCode 和 charCode，分别代表了按键的 ASCII 码和字符。

3.4.2　键盘事件处理实例

　　本例利用键盘的方向键（上、下、左、右 4 个键）来控制地球的旋转。按下按键时，加速旋转；松开按键时，匀速旋转；反方向键按下时，减速旋转，网页效果图如图 3-6 所示。脚本文件的主要代码如下：

图 3-6　键盘事件处理实例

```
App.prototype.update = function(){
    Sim.App.prototype.update.call(this);
    this.earth.rotate(this.direction,this.num);
}
App.prototype.handleKeyDown = function(keyCode, charCode){
    this.key = keyCode;        this.chr = charCode;
    if (this.key == Sim.KeyCodes.KEY_LEFT){
        this.direction = 'h';
        this.num -= 0.01;
    }
    if (this.key == Sim.KeyCodes.KEY_RIGHT){
        this.direction = 'h';
        this.num += 0.01;
    }
    if (this.key == Sim.KeyCodes.KEY_UP){
        this.direction = 'v';
        this.num -= 0.01;
    }
    if (this.key == Sim.KeyCodes.KEY_DOWN){
        this.direction = 'v';
        this.num += 0.01;
    }
}
App.prototype.handleKeyUp = function(keyCode, charCode){
    this.key = 0;
    this.chr = '';
}

Earth = function(){
```

```
        Sim.Object.call(this);
    }
Earth.prototype = new Sim.Object();
Earth.prototype.rotate = function(direction,num){
    if (direction=="v")
        this.object3D.rotation.x += num;
    if (direction=="h")
        this.object3D.rotation.y += num;
}
```

本例利用 App.prototype.handleKeyDown 事件接收键盘按键，利用 App.prototype.update 事件处理键盘按键，并调用 Earth.prototype.rotate 方法执行旋转动作，程序的运行结果是当长时间按下某个方向键时，地球将在这个方向旋转得越来越快，最终的效果图如图 3-6 所示。

3.5　场景控制

我们已经基本掌握了用户交互的一般方法，尽管用户可以自己动手编写一些场景控制类，用于实现一些漫游、旋转物体等目的，但开发的工作量还是很大的。Three.js 预见了这些问题，并提供了一些基本的场景控制类，利用这些类可以快速地实现场景控制，常用的场景控制类有：

- EditorControls ；
- FirstPersonControls ；
- FlyControls ；
- PointerLockControls ；
- PathControls ；
- TrackballControls ；
- TransformControls。

从类的名字就可看出它们的实际用途，比如 FirstPersonControls 用于第一人称漫游控制，其典型用途是场景巡游，在实际编程当中非常有用。由于它们都是开源的，因此可以根据自己的需求补充或修改相应的代码，比如在巡游过程中加入碰撞检测功能。在使用方法上，这些类大同小异，下面简要介绍一下这些场景控制类的使用方法。

3.5.1　第一人称漫游

第一人称漫游是一种很典型的人机交互，适用于大型的 3D 场景。本质上讲，它与键盘或鼠标事件处理是一回事，只需要为某些特定的按键编写相应程序即可。

Three.js 引擎中，集成了一个第一人称漫游 API，可以满足一些基本的漫游控制，程序可直接引用，并根据情况的不同进行自由扩展。

THREE.FirstPersonControls 类用于实现基本的第一人称漫游,基本的控制键如表3-3所示。

表 3-3　THREE.FirstPersonControls 中的控制键

键盘按键	动　作	鼠标按键	动　作
Up / W	前进	单击左键	前进
Left / A	左移	单击右键	后退
Down / S	后退	鼠标移动	改变摄像机朝向

续表

键盘按键	动　作	鼠标按键	动　作
Right / D	右移		
R / F	升高 / 降低		
Q / Esc	是否冻结		

第一人称漫游的更新是基于时间消逝的，因此在程序中需要调用 THREE.Clock 类来计算流逝时间和间隔时间，通常在 App 类的 update 事件中进行更新操作。

在开始漫游之前，先来介绍 THREE.Clock 类的两个基本方法，在后面的章节中，它们会经常出现。

（1）.getElapsedTime()：

返回值：Float。

功能：返回自时钟启动以来总共流逝的时间（秒）。

（2）.getDelta()：

返回值：Float。

功能：返回自上一次调用 getDelta 函数以来流逝的时间（秒）。

所有的场景控制类都需要先进行初始化操作，在 Sim.js 框架中，有很多种方式初始化第一人称漫游，为提高程序的模块化程度，我们在 App 类的 init 方法中私有化场景控制变量，并在 update 方法中更新该变量。

下面以某大型建筑物模型的三维巡游为例，说明如何使用 FirstPersonControls 类，网页的最终效果如图 3-7 所示。

图 3-7　第一人称场景巡游

1. 初始化第一人称漫游

```
App.prototype.init = function(param){
    Sim.App.prototype.init.call(this, param);
    this.clock = new THREE.Clock();
    this.controls = new THREE.FirstPersonControls( this.camera );
    this.controls.movementSpeed = 5;        // 移动速度
    this.controls.lookSpeed = 0.01;         // 旋转速度
    this.controls.lookVertical = true;      // 允许上下观看
    this.controls.freeze = true;            // 冻结摄像机
    this.controls.lon = -90;                // 摄像机逆时针旋转 90°
    this.focus();
}
```

这段代码一上来初始化了两个私有变量 this.clock 和 this.controls，然后修改了 this.controls 的一些属性。其中 lon 参数（代码中粗体部分）反应的是摄像机的朝向，Three.js 默认是朝向 x 正轴的，这并不符合人们的视觉习惯，修改为 "-90" 以后摄像机朝向了 z 负轴，与我们的坐姿相符（我们的眼睛就是朝向 z 负轴的）。

这段代码还冻结了摄像机，用户可按下 Q 键解冻（参见表 3-3）。

THREE.FirstPersonControls 类还有一些其他私有属性，如 autoForward、invertVertical、

activeLook、heightSpeed 等。它们在实际当中用处不多，要想详细了解这些参数，可以参考
FirstPersonControls.js 文档。与第一人称漫游很相似的另外一个类是 THREE.FlyControls（飞
行控制类），它增加了倾斜控制键（Q：左倾斜 /E：右倾斜，想象一下飞机拐弯时的情景），同
时一些属性的名称也有所变化，比如 FirstPersonControls 中的 lookSpeed 在 FlyControls 中改
成了 rollSpeed 等，除此以外，二者几乎没有区别。

2．更新第一人称漫游

更新操作比较简单，直接调用 update 方法即可，但要注意，它是基于时间消逝来更新的，
代码如下：

```
App.prototype.update = function(){
    var delta = this.clock.getDelta();
    this.controls.update( delta ); //基于时间消逝的更新
    Sim.App.prototype.update.call(this);
}
```

现在，可以全方位地去欣赏 3D 场景，然而，很快就会发现新的问题，摄像机会穿墙而过，
似乎它们根本不存在一样。

这是一个新的问题：碰撞检测。由于这部分内容篇幅较多，且涉及算法问题，我们将在第
5 章详细介绍。

3.5.2 轨迹球漫游

轨迹球控制是另外一种人机交互方式，适用于拖动、旋转、缩放等场合，与第一人称漫游
控制类似，本质上也属于键盘或鼠标事件处理，但处理过程要更复杂，比如翻转、倾斜、拖动等。

Three.js 通过 THREE.TrackballControls 类实现轨迹球控制，预定义的鼠标操作如表 3-4 所示。

表 3-4 THREE.TrackballControls 中的鼠标操作

鼠 标 按 键	动 作
左键拖动	水平旋转、垂直翻转
右键拖动	平移
滚轮	前滚放大、后滚缩小

THREE.TrackballControls 类的基本使用方法如下：

1．初始化轨迹球漫游

```
App.prototype.init = function(param){
    Sim.App.prototype.init.call(this, param);
    this.controls = new THREE.TrackballControls( this.camera );
    this.controls.rotateSpeed = 1.0;      //旋转速度
    this.controls.zoomSpeed = 1.2;        //缩放速度
    this.focus();
}
```

2．更新轨迹球漫游

```
App.prototype.update = function(){
    this.controls.update();
    Sim.App.prototype.update.call(this);
}
```

以一辆挖掘机的三维模型为例，最终的网页效果如图 3-8 所示。与 TrackballControls 很相似的另外一个控制类是 EditorControls，二者主要的区别在于前者能产生缓动效果而后者没有；另外，EditorControls 不提供 update 方法，不需要实时更新，它与鼠标操作是完全同步的。

图 3-8　轨迹球控制

3.5.3　鼠标锁定漫游

在 3.5.1 节中我们介绍了第一人称漫游，然而经常玩 FPS（First Person Shot）游戏的玩家，很容易就能发现两者的场景控制方法并不相同，在 FPS 游戏中，鼠标一般会被锁定在屏幕中心点，移动鼠标时，实际上是场景在旋转，这更加符合大多数人的使用习惯。本节将介绍鼠标锁定漫游（PointerLockControls.js）。

PointerLockControls 需要浏览器的支持，并且一般运行在全屏模式下，下面的代码可用于检测浏览器是否支持 PointerLockControls：

```
var havePointerLock = 'pointerLockElement' in document ||
'mozPointerLockElement' in document || 'webkitPointerLockElement' in document;
```

需要注意的是，不同版本的 Three.js，THREE.PointerLockControls 类的区别很大，而且一些参数需要用户根据场景的不同而做出适当的修改，比如起跳高度、移动速度、地平面位置、按键选择等。该类的关键对象是 yawObject，它将摄像机绑定为自己的子类，可以使用 controls.getObject().position 方法来获取当前摄像机的位置。

图 3-9　鼠标锁定漫游

本例在场景中添加了 55 个正方体，由低到高逐层堆放，通过空格键可以逐级上跳，如图 3-9 所示。脚本文件的主要代码如下：

```
var objects = [];
App = function(){Sim.App.call(this);}
App.prototype = new Sim.App();
App.prototype.init = function (param) {
    Sim.App.prototype.init.call(this, param);
    this.controls = new THREE.PointerLockControls(this.camera);
    this.clock = new THREE.Clock();
    this.ray = new THREE.Raycaster();
    this.ray.ray.direction.set(0, -1, 0);
    // 此处略去了 havePointerLock 检查和初始化部分的代码，请读者自行参考网站
    ...
    this.scene.add(this.controls.getObject());
    this.createPlane();
    this.createObject();
    this.focus();
}
// 添加地板
App.prototype.createPlane = function () {
```

```
        var texture1 = THREE.ImageUtils.loadTexture("images/zhuan.jpg");
        texture1.wrapS = THREE.RepeatWrapping;
        texture1.wrapT = THREE.RepeatWrapping;
        texture1.repeat.set(100, 100);
        var material = new THREE.MeshPhongMaterial({ map: texture1 });
        var geometry = new THREE.PlaneGeometry(100, 100);
        var meshCanvas = new THREE.Mesh(geometry, material);
        meshCanvas.rotation.x = -Math.PI / 2;
        this.scene.add(meshCanvas);
    }
    // 添加立方体
    App.prototype.createObject = function () {
        for (var i = 1; i <= 10; i++) {
            for (var j = 1; j <= i; j++) {
                var geometry = new THREE.CubeGeometry(2, 2, 2);
                var material = new THREE.MeshPhongMaterial({ color: 0xffffff
* Math.random() });
                var mesh = new THREE.Mesh(geometry, material);
                mesh.position.set(0, (j -1) * 2 + 1, -i * 2);
                this.scene.add(mesh);
                objects.push(mesh);
            }
        }
    }
    // 更新
    App.prototype.update = function () {
        Sim.App.prototype.update.call(this);
        this.controls.isOnObject(false);
        this.ray.ray.origin.copy(this.controls.getObject().position);
        var intersections = this.ray.intersectObjects(objects);
        if (intersections.length > 0) {
            var distance = intersections[0].distance;
            if (distance > 0 && distance < 1) {
                this.controls.isOnObject(true);
            }
        }
        this.controls.update(this.clock.getDelta() * 1000);
    }
```

同样，本程序仅做了起跳后的着落物检查，并没有做巡游过程中的碰撞检查。如果读者对此感兴趣，可在学习完本书第 5 章的内容后，自行完善该程序。

3.5.4 路径漫游

在场景漫游类的程序中，有时候需要摄像机按照事先设计好的线路执行自动漫游，这可以使用 THREE.pathcontrols 类来实现。

PathControls 类的关键属性是 waypoints，它以二维数组的形式定义了巡游路径中每个关键点的三维坐标，默认情况下，摄像机会在各个关键点之间线性过渡。PathControls 类在实现时用到了关键帧动画的概念，这部分内容我们将在第 4 章中详细讨论。

本例在场景中随机添加了 500 个正方体，通过预先设置的路径，程序将实现全自动的全景漫游，如图 3-10 所示，脚本文件的主要代码如下：

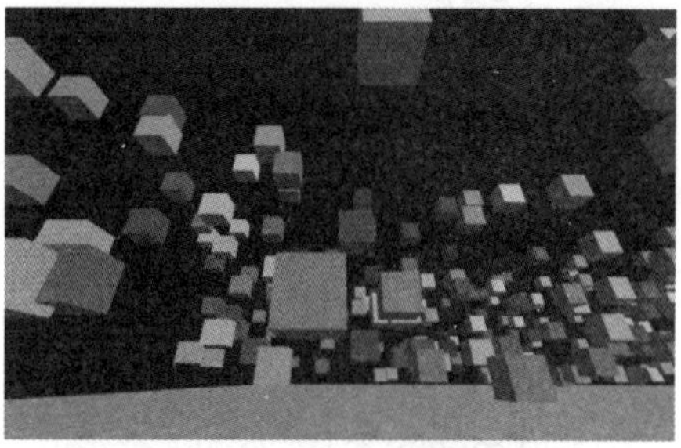

```
App = function(){
    Sim.App.call(this);
}
App.prototype = new Sim.App();
App.prototype.init = function (param) {
Sim.App.prototype.init.call(this, param);
    this.clock = new THREE.Clock();
    this.controls = new THREE.PathControls
    (this.camera);
    this.controls.waypoints = [[0, 1, 50], [-50, 1, 0], [0, 1, -50], [50,
1, 0], [0, 1, 50]];                    // 定义路径
    this.controls.duration = 30;    // 巡游时间（秒）
    this.controls.useConstantSpeed = true;
    this.controls.lookSpeed = 0.5;
    this.controls.lookVertical = true;
    this.controls.lookHorizontal = true;
    this.controls.verticalAngleMap = {
        srcRange: [0, 2 * Math.PI],
        dstRange: [Math.PI / 3, Math.PI ]
    };
    this.controls.horizontalAngleMap = {
        srcRange: [0 , Math.PI * 2],
        dstRange: [-Math.PI / 2, 0]
    };
    this.controls.init();
    this.scene.add(this.controls.animationParent);    // 添加关键帧动画
this.controls.animation.play(true, 0);            // 开始巡游
…
}
App.prototype.update = function () {
    Sim.App.prototype.update.call(this);
    var delta = this.clock.getDelta();
    THREE.AnimationHandler.update(delta);
    this.controls.update(delta);
}
```

图 3-10　PathControls 类

请注意代码中的粗体部分，它们分别指明了漫游过程中在垂直方向和水平方向上允许用户旋转的角度范围，srcRange 表示最大的旋转角度，一般配置为 [0 , Math.PI * 2]，dstRange 表示允许的旋转角度，由用户根据实际自行配置。在 PathControls.js 中，最终会调用 THREE.Math.mapLiner 函数来计算摄像机最终的旋转角度，该函数的函数体如下（摘自 Three.js 包中的 Math.js 文档）：

```
mapLinear: function ( x, a1, a2, b1, b2 ) {
    return b1 + ( x - a1 ) * ( b2 - b1 ) / ( a2 - a1 );
}
```

对于 x 参数，水平方向传入了 this.theta 参数，垂直方向传入了 this.phi 参数（请参考 Three.js 包中的 PathControls.js 文档）。

3.5.5 其他场景控制类

在 3.5.1 ~ 3.5.4 节中，分别介绍了 4 种常见的场景控制方法，大多数情况下，它们够用了。然而 Three.js 还提供了一些其他场景控制类，包括：

- DeviceOrientationControls；
- DragControls；
- MouseControls；
- OrthographicTrackballControls；
- VRControls。

在使用方法上，它们大同小异，本书不再一一叙述。需要注意的是，在不同版本的 Three.js 中，这些场景控制类的实现方法也不同，这一点很重要。有时候会发现自己的程序明明是没有任何问题的，就是运行不出结果，这时候需要检查是否是 Three.js 版本的问题。

3.6　场景音乐

3.6.1　网页音频

到目前为止，仍然不存在一项旨在网页上播放音频的标准。今天，大多数音频是通过插件（比如 Flash）来播放的。然而，并非所有浏览器都拥有同样的插件，HTML5 规定了一种通过 audio 标记来包含音频的标准方法，它能够播放声音文件或者音频流。当前 audio 标记支持三种音频格式，如表 3-5 所示。

表 3-5　audio 标记支持的音频格式

格　　式	IE	Firefox	Opera	Chrome	Safari
Ogg Vorbis		✓	✓	✓	
MP3	✓			✓	✓
Wav		✓	✓		✓

在 HTML5 中播放音频的一般方法如下：

```
<audio src="song.ogg" controls="controls">
您的浏览器不支持audio标记
</audio>
```

其中，control 属性供添加播放、暂停和音量控件。<audio> 与 </audio> 之间插入的内容是供不支持 audio 标记的浏览器显示的。

audio 标记允许使用多个 source 元素以链接不同的音频文件，浏览器将使用第一个可识别的格式，比如：

```
<audio controls="controls">
    <source src="song.ogg" type="audio/ogg">
    <source src="song.mp3" type="audio/mpeg">
    您的浏览器不支持audio标记
</audio>
```

audio 标记的常用属性和方法如表 3-6 和表 3-7 所示。

表 3-6　audio 标记的常用属性

属 性	值	描 述
autoplay	autoplay	如果出现该属性，则音频在就绪后马上播放
controls	controls	如果出现该属性，则向用户显示控件，比如播放按钮
loop	loop	如果出现该属性，则每当音频结束时重新开始播放
muted	muted	规定视频输出应该被静音
preload	preload	如果出现该属性，则音频在页面加载时进行加载，并预备播放。如果使用 autoplay，则忽略该属性
src	url	要播放的音频的 URL

表 3-7　audio 标记的常用方法

方 法	描 述
addTextTrack()	向音频添加新的文本轨道
canPlayType()	检查浏览器是否能够播放指定的音频类型
fastSeek()	在音频播放器中指定播放时间
getStartDate()	返回新的 Date 对象，表示当前时间线偏移量
load()	重新加载音频元素
play()	开始播放音频
pause()	暂停当前播放的音频

3.6.2　场景音乐

在 3D 场景中，加入音乐有助于提高用户体验，但如果在一个场景中有多处音源并且都是循环播放，就会互相干扰，呈现给用户的是多个音源的混合体。

编者结合 HTML5 的 audio 标记，开发了一个基于摄像机和目标点的距离来控制音源音量的类，适用于大型的 3D 场景巡游，其基本思想是 audio 音源的音量随着音源与摄像机的距离不断增大而线性减小，当距离超出音源的作用半径后，音量变为 0。源码（3Dsound.js）如下：

```javascript
Sound = function ( url, radius, volume ) {//volumn:0~1
    this.audio = document.createElement( 'audio' );
    var source = document.createElement( 'source' );
    source.src = url;
    this.audio.appendChild( source );
    this.audio.controls="controls";
    this.audio.loop="loop";
    this.position = new THREE.Vector3();
    this.radius = radius;
    this.volume = volume;
}
Sound.prototype.play =  function() {
    this.audio.play();
}
Sound.prototype.pause =  function() {
    this.audio.pause();
}
Sound.prototype.SetPosition =  function( v ) {
    this.position.copy( v );
```

```
    }
Sound.prototype.update = function(camera) {
    var distance = this.position.distanceTo( camera.position );
    if ( distance <= this.radius ) {
        this.audio.volume = this.volume * ( 1 - distance / this.radius );
    } else {
        this.audio.volume = 0;
    }
}
```

在实际场景中，将音源置于特定的目标位置，设定音源的作用半径，这样当摄像机离开音源的作用范围时就听不见了，避免了多个音源之间的相互干扰。

在图 3-11 所示场景中，分别在太阳、地球、月亮三个点绑定一个音源，三点之间两两距离为 10，设定音源的作用半径为 5，这样当从一个点漫游至另一个点时，前一个音源逐渐消逝，后一个音源逐渐增强，很好地模拟了真实场景。程序的部分代码如下：

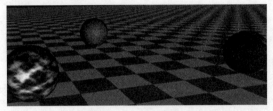

图 3-11　场景音乐

```
var sun = new Ball();
sun.init({ id : 1, icon : "images/sunmap.jpg", name : "sun" });
this.addObject(sun);
sun.setPosition(-5,0,0);
this.sound1 = new Sound('mp3/01.mp3', 5, 1);
this.sound1.SetPosition(sun.object3D.position);
this.sound1.play();
var earth = new Ball();
earth.init({ id : 2, icon : "images/earthmap.jpg", name : "earth" });
this.addObject(earth);
earth.setPosition(5,0,0);
this.sound2 = new Sound('mp3/02.mp3',5, 1);
this.sound2.SetPosition(earth.object3D.position);
this.sound2.play();
var moon = new Ball();
moon.init({ id : 3, icon : "images/moonmap.jpg", name : "moon" });
this.addObject(moon);
moon.setPosition(0,0,-10*Math.sin(Math.PI / 3));
this.sound3 = new Sound('mp3/03.mp3',5, 1);
this.sound3.SetPosition(moon.object3D.position);
this.sound3.play();
```

最后注意在 App 对象的 update 事件中，对音源进行更新。

```
App.prototype.update = function(){
    Sim.App.prototype.update.call(this);
    this.sound1.update( this.camera );
    this.sound2.update( this.camera );
    this.sound3.update( this.camera );
}
```

3.7 视频纹理

3.7.1 网页视频

到目前为止，仍然不存在一项旨在网页上播放视频的标准。今天，大多数视频是通过插件（比如 Flash）来播放的。然而，并非所有浏览器都拥有同样的插件，HTML5 规定了一种通过 video 标记来包含视频的标准方法。当前，video 标记支持的视频格式如表 3-8 所示。

表 3-8　video 标记支持的视频格式

格　式	IE	Firefox	Opera	Chrome	Safari
Ogg	No	3.5+	10.5+	5.0+	No
MPEG 4	9.0+	No	No	5.0+	3.0+
WebM	No	4.0+	10.6+	6.0+	No

- Ogg = 带有 Theora 视频编码和 Vorbis 音频编码的 Ogg 文件；
- MPEG4 = 带有 H.264 视频编码和 AAC 音频编码的 MPEG 4 文件；
- WebM = 带有 VP8 视频编码和 Vorbis 音频编码的 WebM 文件。

在 HTML5 中播放视频的一般方法是：

```
<video src="movie.ogg" controls="controls">
您的浏览器不支持video标记
</video>
```

其中，controls 属性供添加播放、暂停和音量控件。<video> 与 </video> 之间插入的内容是供不支持 video 标记的浏览器显示的。

video 元素允许提供多个 source 元素以链接不同的视频文件，浏览器将使用第一个可识别的格式，比如：

```
<video width="320" height="240" controls="controls">
    <source src="movie.ogg" type="video/ogg">
    <source src="movie.mp4" type="video/mp4">
    您的浏览器不支持video标记
</video>
```

video 标记的常用属性和方法如表 3-9 和表 3-10 所示。

表 3-9　video 标记的常用属性

属　性	值	描　述
autoplay	autoplay	如果出现该属性，则视频在就绪后马上播放
controls	controls	如果出现该属性，则向用户显示控件，比如播放按钮
height	pixels	设置视频播放器的高度
loop	loop	如果出现该属性，则当媒介文件完成播放后再次开始播放
muted	muted	规定视频的音频输出应该被静音
poster	URL	规定视频下载时显示的图像，或者在用户点击播放按钮前显示的图像
preload	preload	如果出现该属性，则视频在页面加载时进行加载，并预备播放。如果使用 autoplay，则忽略该属性
src	url	要播放的视频的 URL
width	pixels	设置视频播放器的宽度

表 3-10　video 标记的常用方法

方　法	描　述
addTextTrack()	向视频添加新的文本轨道
canPlayType()	检查浏览器是否能够播放指定的视频类型
load()	重新加载视频元素
play()	开始播放视频
pause()	暂停当前播放的视频

3.7.2　视频纹理

Three.js 支持将视频作为纹理材质，这样就可以将视频贴至模型外表面，其典型的应用场合是将视频贴至电视、广告屏、显示器等 3D 模型上。图 3-12 分别将两段视频贴到了两个正方体的表面上，并同时开始播放。单击某一个视频时，暂停播放，再次单击时继续播放。

视频纹理的实现方法是利用 HTML5 的 video 标记传入视频，然后将它作为纹理应用于模型，主要代码如下：

图 3-12　视频纹理

1．网页文件

```
<body>
<video id="video1" autoplay loop style="display:none">
<source src="videos/01.ogg" type='video/ogg; codecs="theora, vorbis"'>
</video>
</body>
```

2．脚本文件

```
App = function(){Sim.App.call(this);}
App.prototype = new Sim.App();
App.prototype.init = function(param){
    Sim.App.prototype.init.call(this, param);
    var light = new THREE.DirectionalLight( 0xffffff, 1);
    this.scene.add(light);
    this.camera.position.set(0, 0, 5);
    this.createPlayers();
}
App.prototype.createPlayers = function(){
    //video1 网页传入
    var video1 = $('#video1' );
    var player = new Ball();
    player.init({ video : video1, name:'Video1' });
    this.addObject(player);
    player.setPosition(-2,0,0);
    player.object3D.rotation.x = -Math.PI / 8;
    //video2 动态创建
    var video2 = document.createElement( 'video' );
    video2.setAttribute("autoplay","autoplay");
```

```
        video2.setAttribute("loop","loop");
        var source = document.createElement( 'source' );
        source.setAttribute("src","videos/02.ogg");
        source.setAttribute("type","video/ogg");
        video2.appendChild( source );
        var player = new Ball();
        player.init({ video : video2, name:'Video2' });
        this.addObject(player);
        player.setPosition(2,0,0);
        player.object3D.rotation.x = -Math.PI / 8;
}
App.prototype.handleMouseScroll = function(delta){        // 鼠标滚球事件
        this.camera.position.z -= delta;
}
App.prototype.update = function(){
        Sim.App.prototype.update.call(this);
}
Ball = function(){
        Sim.Object.call(this);
}
Ball.prototype = new Sim.Object();
Ball.prototype.init =   function(param){
        this.name = param.name || "";
        var video = param.video || "";
        var texture = new THREE.Texture(video);
        texture.minFilter = THREE.LinearFilter;
        texture.magFilter = THREE.LinearFilter;
        var geometry = new THREE.CubeGeometry(2, 2, 2);
        var material = new THREE.MeshLambertMaterial({ map:texture });
        var mesh = new THREE.Mesh( geometry, material );
        this.setObject3D(mesh);
        this.video = video;
        this.playing = true;
        this.texture = texture;
}
Ball.prototype.update = function(){
        if (this.playing)
            if (this.video.readyState === this.video.HAVE_ENOUGH_DATA)
            {
                if (this.texture)
                {
                    this.texture.needsUpdate = true;
                }
            }
        Sim.Object.prototype.update.call(this);
}
Ball.prototype.handleMouseUp = function(){                 // 鼠标单击
        this.togglePlay();
}
Ball.prototype.togglePlay = function(){
        this.playing = !this.playing;
```

```
    if (this.playing)
        this.video.play();
    else
        this.video.pause();
}
```

这些代码中的绝大多数浅显易懂，注意两点：

（1）两个视频的初始化方法不同，video1 在网页文件中进行了静态初始化，video2 则是在脚本文件中动态生成的，当程序需要从数据库中读取视频信息时，只能使用第二种方法；

（2）视频纹理依赖于 HTML5 的 video 标记，且与具体的浏览器有关（不同的浏览器支持不同格式的视频）。

3.8　综合案例——虚拟库房

在本章的最后，安排一个简单的应用程序"虚拟库房"，它并不难，所有的建模工作均使用了立方体来搭建，实现了基本的用户交互功能。然而，类似的应用往往却是最贴近实际的，希望通过这个案例能为读者带来一点启发，那就是使用基本工具就可以完成一些看似复杂的任务。

3.8.1　需求分析

本项目拟建设一个虚拟的 3D 库房，按需布设一些书架，并在书架上放置档案盒，单击档案盒时即可完成档案的增、删、改操作。为简化程序，本系统只做了一些静态参数的库房建设，后期可以配合一些 Web 服务器端的技术，动态生成整个场景。

3.8.2　系统实现

虚拟库房的最终效果如图 3-13 所示，我们只在第一个书架的第一排上放置了一些档案盒，单击这些档案盒可跳转至一个新的页面，主要的程序代码如下：

图 3-13　虚拟库房

1．初始化 App 类

```
App = function (){
    Sim.App.call(this);
}
App.prototype = new Sim.App();
App.prototype.init = function (param){
Sim.App.prototype.init.call(this, param);
    var light = new THREE.DirectionalLight(0xa0a0a0, 1.0, 0);
    light.position.set(1, 1, 1);
    this.scene.add(light);
    var light = new THREE.DirectionalLight(0x505050, 1.0, 0);
    light.position.set(-1, -1, -1);
    this.scene.add(light);

    // 这个平行光用于照亮天花板
    var light = new THREE.DirectionalLight(0xa0a0a0, 1.0, 0);
```

```
        light.position.set(0, -1, 0);
        this.scene.add(light);
        this.camera.position.set(0, 0, 4);
        this.camera.lookAt({ x: 0, y: 0, z: 0 });
        this.clock = new THREE.Clock();

        // 初始化第一人称漫游
        this.controls = new THREE.FirstPersonControls(this.camera);
        this.controls.movementSpeed = 1.0;
        this.controls.lookSpeed = 0.04;
        this.controls.lookVertical = false;
        this.controls.lon = -90;

        // 创建库房
        this.createHouse();

        // 布置所有的书架
        var shugui = [];
        for (j = 0; j < 10; j++){
            for (i = 1; i <= 5; i++){
                var obj = new Obj();
                obj.init();
                this.addObject(obj);
                obj.setPosition(i * 0.85 + 0.5, 0, -j);
                shugui.push(obj);
            }
        }
        for (j = 0; j < 10; j++){
            for (i = 1; i <= 5; i++){
                var obj = new Obj();
                obj.init();
                this.addObject(obj);
                obj.setPosition(-i * 0.85 - 0.5, 0, -j);
                shugui.push(obj);
            }
        }

        // 放置档案盒
        for (var i = -7; i < 8; i++){
            var dh = new Danganhe();
            dh.init(i + 8);
            shugui[0].addChild(dh);
            dh.setPosition(i * 0.05 + 0.002, 0.59, 0);
        }
        this.focus();
}
App.prototype.update = function (){
    var delta = this.clock.getDelta();
    this.controls.update(delta);
    Sim.App.prototype.update.call(this);
}
```

2. 库房的建模

```
App.prototype.createHouse = function (){
    var texture1 = THREE.ImageUtils.loadTexture("images/qz.png");
    texture1.wrapS = texture1.wrapT = THREE.RepeatWrapping;
    texture1.repeat.set(10, 1);
    var material1 = new THREE.MeshPhongMaterial({ map: texture1 });
    var texture2 = THREE.ImageUtils.loadTexture("images/light.jpg");
    texture2.wrapS = texture2.wrapT = THREE.RepeatWrapping;
    texture2.repeat.set(10, 10);
    var material2 = new THREE.MeshPhongMaterial({ map: texture2 });
    var texture3 = THREE.ImageUtils.loadTexture("images/zhuan.jpg");
    texture3.wrapS = texture3.wrapT = THREE.RepeatWrapping;
    texture3.repeat.set(40, 40);
    var material3 = new THREE.MeshPhongMaterial({ map: texture3 });
    var materials = [];
    materials.push(material1);
    materials.push(material1);
    materials.push(material2);
    materials.push(material3);
    materials.push(material1);
    materials.push(material1);
    var cube = new THREE.Mesh(new THREE.CubeGeometry(16, 2.75, 16), new
THREE.MeshFaceMaterial(materials));
    cube.scale.x = -1;
    cube.position.set(0, 0.625, -4);
    this.scene.add(cube);
}
```

3. 书架的建模

```
Obj = function (){
    Sim.Object.call(this);
}
Obj.prototype = new Sim.Object();
Obj.prototype.init = function (){
    var material = new THREE.MeshLambertMaterial({ map: THREE.ImageUtils.
loadTexture('images/qiangzhi.jpg'), side: THREE.DoubleSide });
    var obj = new THREE.Object3D();
    this.setObject3D(obj);
    var cube = new THREE.Mesh(new THREE.CubeGeometry(0.82, 1.5, 0.01),
material);
    cube.position.set(0, 0, -0.155);
    this.object3D.add(cube);
    cube = new THREE.Mesh(new THREE.CubeGeometry(0.01, 1.5, 0.3), material);
    cube.position.set(-0.405, 0, 0);
    this.object3D.add(cube);
    cube = new THREE.Mesh(new THREE.CubeGeometry(0.01, 1.5, 0.3), material);
    cube.position.set(0.405, 0, 0);
    this.object3D.add(cube);
    cube = new THREE.Mesh(new THREE.CubeGeometry(0.8, 0.01, 0.3), material);
    cube.position.set(0, 0.745, 0);
```

```
        this.object3D.add(cube);
        cube = new THREE.Mesh(new THREE.CubeGeometry(0.8, 0.01, 0.3), material);
        cube.position.set(0, -0.745, 0);
        this.object3D.add(cube);
        cube = new THREE.Mesh(new THREE.CubeGeometry(0.8, 0.01, 0.3), material);
        cube.position.set(0, -0.455, 0);
        this.object3D.add(cube);
        cube = new THREE.Mesh(new THREE.CubeGeometry(0.8, 0.01, 0.3), material);
        cube.position.set(0, -0.155, 0);
        this.object3D.add(cube);
        cube = new THREE.Mesh(new THREE.CubeGeometry(0.8, 0.01, 0.3), material);
        cube.position.set(0, 0.145, 0);
        this.object3D.add(cube);
        cube = new THREE.Mesh(new THREE.CubeGeometry(0.8, 0.01, 0.3), material);
        cube.position.set(0, 0.445, 0);
        this.object3D.add(cube);
    }
    Obj.prototype.update = function (){
        Sim.Object.prototype.update.call(this);
    }
```

4．档案盒的建模

```
    Danganhe = function (){
        Sim.Object.call(this);
    }
    Danganhe.prototype = new Sim.Object();
    Danganhe.prototype.init = function (id){
        this.id = id;
        var material1 = new THREE.MeshLambertMaterial({ map: THREE.ImageUtils.
loadTexture('images/danganhe.jpg') });
        var material2 = new THREE.MeshLambertMaterial({ color: 0x996633 });
        var materials = [];
        materials.push(material2);
        materials.push(material2);
        materials.push(material2);
        materials.push(material2);
        materials.push(material1);
        materials.push(material2);
        var cube = new THREE.Mesh(new THREE.CubeGeometry(0.05, 0.28, 0.23),
new THREE.MeshFaceMaterial(materials));
        this.setObject3D(cube);
    }
    Danganhe.prototype.update = function (){
        Sim.Object.prototype.update.call(this);
    }

    // 鼠标单击时，打开新窗口
    Danganhe.prototype.handleMouseUp = function (){
        window.open('detail.html?id=' +this.id,'newwindow') ;
    }
```

```
// 鼠标经过时，档案盒抽出 2 厘米
Danganhe.prototype.handleMouseOver = function (){
    this.overCursor = "pointer";
    this.object3D.position.z += 0.02;
}

Danganhe.prototype.handleMouseOut = function (){
    this.object3D.position.z -= 0.02;
}
```

上述代码展示了一个 Web3D 应用程序的基本框架，对于设计者来说，最重要的工作是要计算好每一个模型的具体尺寸，并放置在正确的位置。

课后练习

1. 利用 3dMax、Revit 等建模工具，任意创建一个三维模型，并将其导出成 obj 格式，结合 objmtlLoader 和 FirstpersonControl 类，实现基本的模型导入与第一人称场景巡游。

2. 导入一个小于 5 MB 的三维建筑模型，利用程序实现模型的拆解与重组，并能够利用鼠标进行子类的选取与单击操作。

3. 导入一个汽车模型，结合键盘事件处理与音频处理程序，实现启动引擎、按下喇叭等人机交互功能。

第 4 章

动画篇

动画是 Web3D 的灵魂，可以极大地提高网页的呈现效果，WebGL 允许以每秒 60 帧的速率渲染图形。在 Web3D 应用程序开发过程中，应当尽量合理地利用这部分资源，毕竟，人眼对于屏幕上活动着的元素非常敏感。

由于历史的原因，动画在引入计算机行业后，有了本质性的变化。本章我们将学习计算机动画中的基本概念，比如关键帧动画、目标变形动画、几何变形动画、关节动画、蒙皮动画等，并重点讲解基于时间的关键帧 / 插值动画，它在编程实践当中被广泛运用。

本章的最后安排了两个计算机动画的实例：一个是机器人动画，它能够模拟摆臂、行走、跑步等行为；另一个是连续的关键帧动画，它通过消息驱动的方法实现多个关键帧的顺序播放。实践中，这两种动画具有典型的代表意义。

4.1 计算机动画的基本概念

总体上来说，动画就是屏幕上的物体随着时间的流逝而发生变化，然而根据实际情况的不同，有很多种实现方式，本节先介绍一些计算机动画的基本概念，这对于我们正确理解动画的实现原理、编写正确的动画程序非常关键。

4.1.1 帧动画

动画的概念最初是由一系列的静态图片串联播放而成的，由于视觉暂留而呈现出连续动画的效果，这些单个的图片被称为帧（Frame），在电影工业中，帧率是固定的 24 帧 / 秒（fps），这一帧率可以胜任人们对于大屏幕投影的视觉需求，一些简单的计算机动画（如 GIF 动画）也是基于这个原理的。

随着计算机的发展，硬件可以支持更高的帧率了，如 60 fps，如果仍然沿用 24 fps 的帧率，意味着一部分硬件资源的浪费。因此，现代计算机动画一般不采用帧的概念，而是规定动画的持续时间（Duration），在这个持续时间里究竟有多少帧，则取决于计算机的运算速度，速度越快，则帧数越多，动画播放的流畅度也就更好。

帧动画非常好理解，也易于实现，Three.js 提供了类似于帧动画的实现机制，比如多重目标变形动画 morphTargets，我们将在 4.2 节中介绍这种动画技术。

4.1.2 时间动画

时间动画是这样一个概念,一系列的矢量图形(关键帧,Key Frame)都与某个时间点关联,帧率并不固定,计算机依次呈现这些矢量图形,并尽量频繁地在关键帧之间进行插值,这样可以实现更平滑的过渡效果。

时间动画是一个概念,实践中它往往需要配合插值动画与关键帧,才能达到良好的动画效果,实际上,大多数的计算机动画都是基于时间的关键帧动画。

4.1.3 插值动画与关键帧

矢量图形与位图有着本质的不同,前者是由程序基于点、线、多边形等各种图形基元而绘制的,其内容表现为坐标位置、颜色值等各种参数。因此,在两个关键帧之间,可以通过改变这些参数来生成中间的插值帧,插值帧通常由计算机调用动画库自动生成,我们将在 4.3 节中介绍一个补间动画库 Tween.js。

插值可以有很多种方式,最简单的一种是线性插值。举例来说,对于屏幕上的两个坐标点 A 和 B,以及一个介于 $0 \sim 1$ 的时间分量 u,那么对应这个时间分量的插值坐标为 $A + u \times (B-A)$。比如,$u = 0.5$,那么对于从 $(0, 0, 0)$ 到 $(1, 1, 1)$ 的一个位置变化,其插值就是 $(0.5, 0.5, 0.5)$。

在 3D 动画中,插值可用于计算 3D 空间中的位置、旋转、颜色、透明度等各种属性,每种属性都对应一个插值,通过对多种插值动画的组合,可以形成复杂而生动的 3D 动画。

下面的代码定义了一个基于时间的关键帧动画:

```
var duration = 5;
var keys = [0,0.5,1];
var values = [ new THREE.Vector3(0,0,0),
               new THREE.Vector3(1,0,0),
               new THREE.Vector3(1,0,1)];
var target = this.object3D.position;
```

这段动画共持续 5 s 时间,前 2.5 s 从 $(0, 0, 0)$ 移动至 $(1, 0, 0)$,后 2.5 s 从 $(1, 0, 0)$ 移动至 $(1, 0, 1)$。理解这段代码非常重要,大多数情况下,我们都使用这种机制来定义计算机动画。

4.1.4 层级动画

请回忆一下第 2 章中我们学习过的太阳系模拟动画,其实我们已经实现了一些简单的计算机动画了,只是这些方法只能描述一些简单、规律的动画,比如绕圆形旋转。如果路径是不规则的,那么就必须使用关键帧动画和插值动画技术。

如果仔细观察月球相对于太阳的运动轨迹,会发现它非常复杂,其实此处涉及一个层级动画的概念,即地球是太阳的子类,而月亮又是地球的子类,子类的运动轨迹总是跟随父类的,程序只需要处理相邻层级之间的相对位置变化即可,最终的世界坐标则由计算机自动完成计算。

Three.js 巧妙地封装了层级动画的底层技术(使用本地矩阵和世界矩阵),子类的位置总是相对于父类的,通过定义合理的层级关系,可以实现复杂的动画效果。比如,将一个机器人模型分成上半身和下半身,上半身又可以分成躯干和手臂,手臂又可以分成上臂和下臂,下臂又可以包含 5 个手指,手指又可以包含 3 个关节,有了这些子类的定义,我们便可以模拟出跑步、行走、摇头、甩手、拾取等动作。

通过层级关系来实现的动画有时候也称关节动画,所谓关节就是指层级之间的连接处。关节动画最大的问题是不够逼真,当动画执行时,关节处总会有明显的裂缝,我们将在 4.7 节中介绍一个利用关节动画来实现的机器人。

4.1.5 蒙皮动画

蒙皮动画(Skinned Animation)是一种最新的计算机动画技术,也称单一网格动画(Single Mesh Animation),它专注于网格顶点的变形,也就是蒙皮。与前面介绍的动画技术相比,蒙皮动画适合用于模拟活体模型,比如动物模型、人物模型等。

蒙皮动画中涉及另外一个重要的概念:骨骼(Bone),它并不直接呈现在屏幕上,然而,通过定义骨骼如何作用于蒙皮,骨骼最终决定着整个蒙皮的动画效果,因此蒙皮动画也被称为骨骼动画(Bone Animation)。

骨骼动画的基本原理可概括为:在骨骼控制下,通过顶点混合动态计算蒙皮网格的顶点,而骨骼的运动相对于其父骨骼,并由动画关键帧数据驱动。一个骨骼动画通常包括骨骼层次结构数据,网格(Mesh)数据,网格蒙皮数据(Skin Info)和骨骼的动画(关键帧)数据。

骨骼动画是一个更有深度的话题,完全通过程序来实现一个骨骼动画需要编写大量的脚本代码,一般利用建模软件来制作骨骼动画(比如 3ds Max),并以文件的形式保存模型(必须是支持动画格式的模型文件,比如 dae)。我们将在 4.6 节中介绍一个简单的手指骨骼动画,它完全使用程序来实现。

4.1.6 几何变形动画

并非所有的动画都需要这么复杂,有些动画只是简单的几何变形,即几何体的各顶点坐标随时间流逝而发生某种变化,产生动画效果,比如海浪。我们将在 4.4 节中介绍这种动画技术。

4.2　目标变形动画

4.2.1 目标变形动画原理

目标变形动画(即 MorphTargets 动画)允许物体发生变形。如果该物体的 geometry 有 n 个顶点,那么 MorphTargets 允许再指定 n 个、$2n$ 个、$3n$ 个甚至更多个顶点(比如 pn 个,p 即为帧数),同时 mesh 对象提供一个数组 morphTargetInfluences,具有 p 个元素,每个元素取值在 0 ~ 1 之间。渲染这个物体的时候,某个顶点 V{i} 的位置其实变成了:

```
V{i} = V{i} + Sum(j=0 ~ p)[f{j} × (V{j}-V{i})]
```

公式中 f{j} 代表 morphTargetInfluences[j]。

比如,一个立方体有 8 个顶点,MorphTargets 又指定了 8 个顶点,立方体的一个顶点为 (1,1,1),而在 MorphTargets 中与之对应的顶点为 (2,2,2),那么当 morphTargetInfluences[0] 为 0.5 的时候,实际渲染的顶点位置就成了(1.5,1.5,1.5)(计算方法是:1+(2−1)×0.5)。这样做的好处是显而易见的,可以通过简单地调整 morphTargetInfluences 数组来使物体形变。

再如，原始顶点为（1，1，1），MorphTargets 指定了两个目标点 M1（2，2，2）和 M2（3，3，3），假设 f[0]=0、f[1]=1，那么实际顶点坐标为（3,3,3），计算方法是：

```
1 + f[0]×(2-1) + f[1]×(3-1) = 1 + 0 + 2 = 3;
```

如果 f[0]=，f[1]=1，那么实际顶点坐标将变为（4,4,4）；如果 f[0]=1，f[1]=0，那么实际顶点坐标将变为（2,2,2）。

由此可见，通过合理调整 morphTargetInfluences 数组，可以产生复杂的变形动画。实践中，我们通常都将目标变形动画简化成帧动画，即除了当前帧以外的其他 morphTargetInfluences 参数都设为 0，而将当前帧的 morphTargetInfluences 参数设为 1。

还有一个问题要注意，目标变形动画只是定义了一些帧，这些帧以什么样的速度去播放仍然需要程序来控制。有两种策略：一是采用固定的帧率，即程序规定多长时间播放 1 帧；二是由计算机自动控制帧率，这取决于 requestAnimationFrame 函数的执行频率，通常情况下，这个帧率为 60 fps。

4.2.2 目标变形动画实例

图 4-1 是目标变形动画的一个示例性网页，它总共有三帧，分别是边长为 2、4、6 的三个立方体，帧率为 1 fps。请注意这三个立方体的第 1 个顶点的坐标分别是(1,1,1)、(2,2,2)和（3,3,3），程序的主要代码如下：

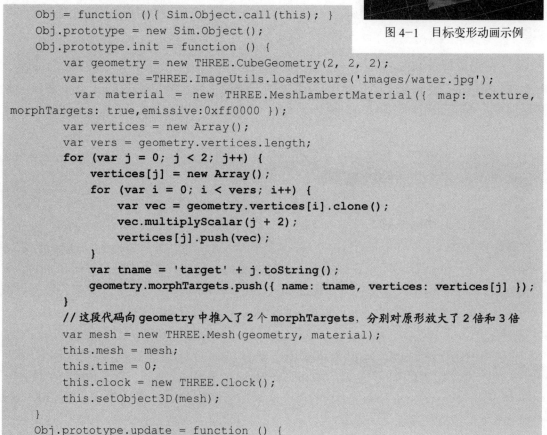

图 4-1　目标变形动画示例

```
Obj = function (){ Sim.Object.call(this); }
Obj.prototype = new Sim.Object();
Obj.prototype.init = function () {
    var geometry = new THREE.CubeGeometry(2, 2, 2);
    var texture =THREE.ImageUtils.loadTexture('images/water.jpg');
     var material = new THREE.MeshLambertMaterial({ map: texture,
morphTargets: true,emissive:0xff0000 });
    var vertices = new Array();
    var vers = geometry.vertices.length;
    for (var j = 0; j < 2; j++) {
        vertices[j] = new Array();
        for (var i = 0; i < vers; i++) {
            var vec = geometry.vertices[i].clone();
            vec.multiplyScalar(j + 2);
            vertices[j].push(vec);
        }
        var tname = 'target' + j.toString();
        geometry.morphTargets.push({ name: tname, vertices: vertices[j] });
    }
    // 这段代码向 geometry 中推入了 2 个 morphTargets，分别对原形放大了 2 倍和 3 倍
    var mesh = new THREE.Mesh(geometry, material);
    this.mesh = mesh;
    this.time = 0;
    this.clock = new THREE.Clock();
    this.setObject3D(mesh);
}
Obj.prototype.update = function () {
```

```
Sim.Object.prototype.update.call(this);
var delta = this.clock.getDelta();
this.time += delta;
var t = Math.floor(this.time);
if (this.time >= 3) {          // 动画持续时间 3 秒，每 1 秒播放 1 帧
    this.time = 0;
}
switch (t) {
    case 0: // 第 1 帧
        this.mesh.morphTargetInfluences[0] = 0;
        this.mesh.morphTargetInfluences[1] = 0;
        break;
    case 1: // 第 2 帧
        this.mesh.morphTargetInfluences[0] = 1;
        this.mesh.morphTargetInfluences[1] = 0;
        break;
    case 2: // 第 3 帧
        this.mesh.morphTargetInfluences[0] = 0;
        this.mesh.morphTargetInfluences[1] = 1;
        break;
}
```

该程序使用了固定帧率的方式来播放动画，即 1 s 播放 1 帧，这只是为了说明问题，因为 1 fps 的帧率是无法产生真正有效的动画效果的。实践中，对于帧数很多的目标变形动画，可以采用自适应的方式来播放，相应的控制代码如下：

```
var delta = this.clock.getDelta();
var fc = this. mesh.morphTargetInfluences.length;
this.time += delta ;
if ( this.time >= 1 ) this.time = 0; // 动画持续时间 1 秒
for ( var i = 0; i <fc; i++ ) {
    this.mesh.morphTargetInfluences[ i ] = 0;
}
this.mesh.morphTargetInfluences[ Math.floor( this.time * fc ) ] = 1;
```

使用自适应的方式来播放动画也会有自己的问题，因为不同计算机的处理速度不同，导致处理完所有目标帧的时间是不确定的，如果硬性规定动画的整体播放时间，就有可能出现部分帧播放不完或者部分帧重复播放的情况。

如果并不关心动画的播放时间，只要求重复地从第 1 帧播放到最后一帧，也可以采用下面的控制方法。

```
var fc = this. mesh.morphTargetInfluences.length;        // 总帧数
this.frame += 1;                                          // 当前帧
if (this.frame >= fc ) this.frame = 0;
for ( var i = 0; i <fc; i++ ) {
    this.mesh.morphTargetInfluences[ i ] = 0;
}
this.mesh.morphTargetInfluences[ this.frame ] = 1;
```

这种控制方式的问题在于，60 fps 的帧率对于大多数目标变形动画来说太高了，它大大超过了人眼的识别能力，显得有点多余。

在 Three.js 提供的示例文档中，有一个怪物狗模型，如图 4-2 所示，它就是一个很典型的多重目标变形动画。

4.3　补间动画

4.3.1　Tween.js 补间动画库

补间动画是指在两个关键帧之间，如何合理地计算过渡帧的问题。如果是线性插值，则相对简单；如果想添加一些额外的效果，比如缓动、加速、减速等效果，则相对复杂一些。

图 4-2　目标变形动画之怪物狗

对于一些简单的补间动画来说，Tween.js 是一个很好的工具，它是由 Soledad Penades 开发的一个开源的补间动画库，最新的版本可以从 http://github.com/sole/tween.js 下载。它很容易上手，现在被广泛采用。

4.3.2　利用 Tween.js 创建线性补间动画

图 4-3 展示了一个简单的线性补间动画，单击鼠标时，球体在水平方向上线性的来回移动，程序中只给出了两个关键帧的坐标，中间的帧由 Tween.js 自动生成，主要代码如下：

图 4-3　线性补间动画

```
App = function(){Sim.App.call(this);}
App.prototype = new Sim.App();
App.prototype.init = function(param)
{
    Sim.App.prototype.init.call(this, param);
    var light = new THREE.DirectionalLight( 0xffffff, 1);
    light.position.set(0, 1, 1);
    this.scene.add(light);
    this.camera.position.set(0, 0, 8);
    var ball = new Ball();
    ball.init();
    this.addObject(ball);
    this.ball = ball;
    ball.setPosition(0,0,0);
}
App.prototype.update = function()
{
    TWEEN.update();
    Sim.App.prototype.update.call(this);
}
App.prototype.handleMouseUp = function(x, y)
{
    this.ball.animate();
}
Ball = function(){    Sim.Object.call(this);}
Ball.prototype = new Sim.Object();
Ball.prototype.init =  function(param)
{
```

```
    var geometry   = new THREE.SphereGeometry(1,32,32);
    var material = new THREE.MeshLambertMaterial({ color:0x336699 });
    var mesh = new THREE.Mesh( geometry, material );
    this.setObject3D(mesh);
    this.overCursor = 'pointer';
}
Ball.prototype.update = function()
{
    Sim.Object.prototype.update.call(this);
}
Ball.prototype.animate = function()
{
    var newpos;
    if (this.object3D.position.x > 0)
    {
        newpos = this.object3D.position.x - 6;
    }
    else
    {
        newpos = this.object3D.position.x + 6;
    }
    new TWEEN.Tween(this.object3D.position).to( {x: newpos}, 2000).start();
}
```

代码中粗体部分实例了一个新的 TWEEN.Tween 对象，并且传入了球体的位置，通过 to() 方法设置了球体的新位置，同时定义了动画时间（2 000，即 2 s），然后调用 start() 方法开始执行动画。此处使用了 JavaScript 链式调用的技巧，很多 JavaScript 库都使用这种技巧，比如 jQuery。

4.3.3 利用 Tween.js 创建缓动补间动画

线性变化显得过于呆板了，总是以固定的速度来回移动，没有任何变化，看起来很不生动。Tween.js 提供了一些缓动效果，常用的有：

- Quadratic：二次方程；
- Quartic：四次方程；
- Sinusoidal：正弦；
- Circular：圆形；
- Elastic：弹性；
- Bounce：弹跳。

还有两个关键词专门用于描述加速和减速，分别是 EaseIn 和 EaseOut。我们来看一个缓动补间动画的实例。

在图 4-4 所示的缓动补间动画中，当球体位于顶端时，单击鼠标后球体以 Bounce 效果下落，落地后还会有几次反弹（就像篮球落地）；当球体位于底端时，单击鼠标后球体以 Quartic 效果上升（就像火箭加速起飞），其中动画部分的代码如下：

图 4-4　缓动补间动画

```
Ball.prototype.animate = function () {
    var newpos, ease1, ease2;
```

```
        ease1 = TWEEN.Easing.Quartic.EaseIn;
        ease2 = TWEEN.Easing.Bounce.EaseOut;
        if (this.object3D.position.y == 5) {
            newpos = -5;
            new TWEEN.Tween(this.object3D.position).to({ y: newpos }, 2000).
easing(ease2).start();
        }
        else {
            newpos = 5;
            new TWEEN.Tween(this.object3D.position).to({ y: newpos }, 2000).
easing(ease1).start();
        }
    }
```

　　Tween.js 对于创建简单的补间动画效果很好，关键是它非常易于使用，通过组合各种效果，可以产生复杂的动画。然而，它封装地太严重，如果需要更通用的动画效果，还是需要依靠关键帧动画技术，我们将在 4.5 节中介绍。

4.4　几何变形动画

4.4.1　几何变形动画原理

　　相比于目标变形动画和补间动画，几何变形动画从原理上要简单很多，它通过不断修改几何体各顶点的坐标来实现动画效果。

　　几何变形动画完全是基于时间的，所有的动画效果要靠程序来实现，因此，事先必须要很清楚动画的最终效果，并严格控制时间流逝对动画的影响。

4.4.2　海浪效果

　　我们以海浪效果为例来说明如何制作几何变形动画。整个动画以一个平面为基础，然后不断地按照正弦变化来修改各顶点的 y 坐标，从而产生海浪效果，最终效果如图 4-5 所示。

图 4-5　几何变形动画

　　其中，动画运行部分的代码如下：

```
Obj =
function(){Sim.Object.call(this);}
Obj.prototype = new Sim.Object();
Obj.prototype.init = function()
{
    var geometry = new THREE.PlaneGeometry( 10000, 10000, 64, 64 );
    geometry.applyMatrix( new THREE.Matrix4().makeRotationX( - Math.PI / 2 ) );
    this.geometry = geometry;
    var texture = THREE.ImageUtils.loadTexture( "images/water.jpg" );
    texture.wrapS = texture.wrapT = THREE.RepeatWrapping;
    texture.repeat.set( 5, 5 );
     material = new THREE.MeshBasicMaterial( { color: 0x0044ff, map:
texture,side:THREE.DoubleSide } );
```

```
    mesh = new THREE.Mesh( geometry, material );
    this.setObject3D(mesh);
}
Obj.prototype.update = function()
{
    Sim.Object.prototype.update.call(this);
    var time = this.clock.getElapsedTime() * 10;
    for (var i = 0, l = this.geometry.vertices.length; i < l; i++)
        this.geometry.vertices[i].y = 50 * Math.sin((time + i) / 5);
    this.geometry.verticesNeedUpdate = true;

}
```

请注意代码中的粗体部分，由于我们需要动态修改顶点坐标，verticesNeedUpdate 属性必须修改为 true，否则是看不到任何动画效果的。

time 变量赋值为 getElapsedTime() * 10 是为了提高海浪的滚动速度，因为 17 ms（60 fps 帧率下，每帧约 17 ms）的时间太短了，我们几乎看不到什么变化。另外，不能让每个顶点按同样的规律变化，否则就会看到一个平面在上下移动，而不是海浪效果，因此，我们在修改 y 坐标时，加入了一些干扰因素。

对于几何变形动画来说，最大的困难在于设计者必须非常清楚每一个顶点的具体位置，以及它们的先后顺序。一些细微的表情动画可以使用几何变形动画来实现，比如微笑。

4.5　关键帧动画

4.5.1　关键帧动画原理

关键帧动画的基本实现原理是：在一个固定的时间段内（duration，动画持续时间），定义若干关键帧（interps，关键帧信息），然后调用补间动画库（如 Tween.js）产生各关键帧之间的插值帧，最终实现完整的关键帧动画。

关键帧如何描述呢？一般需要定义三个参数，分别是 keys、values 和 target。

（1）keys：描述时间点信息，它是一个 0 ~ 1 之间的小数，通常是一个数组。比如，对于一个 2 s（duration = 2 000）的关键帧动画来说，[0, 0.5, 1] 描述了 3 个时间点，分别对应了 0 s、1 s、2 s 处。

（2）values：描述关键帧属性信息，比如位置、颜色、旋转角度、透明度、缩放比例等，通常是一个 JSON 数组。比如，位置信息数组 [{ x:0,y:0,z:0},{ x:1,y:0,z:0},{ x:1,y:1,z:0}] 分别对应 keys 数组各时间点处所对应的位置信息，values 数组的长度必须和 keys 数组保持严格一致，两者是一一对应的。

（3）target：描述了目标对象，即究竟是哪个对象要产生动画。比如，this.object3D.position 代表当前对象的位置要发生变化。

请注意在一个关键帧动画中可以包含多个关键帧信息，比如位置和旋转角度同时要发生变化，它们可同时作用于同一个物体。

Sim.js 框架针对关键帧动画专门封装了一个类（Sim.KeyFrameAnimator），源代码放在了 animation.js 文件中，在网页文件中要引入该文件。

4.5.2　滚动的地球

我们以滚动的地球为例来说明关键帧动画的制作方法，如图 4-6 所示。

这个关键帧动画一共有 5 个关键帧，但第 5 个关键帧和第 1 个关键帧是完全重合的，动画运行过程是：依次从左下角滚动到左上角、右上角、右下角和左下角，整个动画持续 10 s 时间。很显然，这 4 段运行轨迹不但要有位置的变化，而且还要在不同的方向上执行旋转动作。

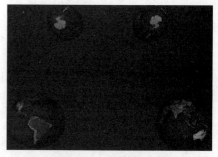

图 4-6　关键帧动画

由于关键帧动画会在后面的章节中被广泛运用，我们附上完整的脚本文件代码：

```
App = function(){Sim.App.call(this);}
App.prototype = new Sim.App();
App.prototype.init = function(param)
{
    Sim.App.prototype.init.call(this, param);
    var light = new THREE.DirectionalLight( 0xffffff, 1);
    light.position.set(0, 0, 1);
    this.scene.add(light);
    this.camera.position.set(0, 0, 10);
    var ball = new Ball();
    ball.init();
    this.addObject(ball);
    this.ball = ball;
    this.animating = false;
}
App.prototype.handleMouseUp = function(x, y)
{
    this.animating = !this.animating;
    this.ball.animate(this.animating);
}
App.prototype.update = function()
{
    Sim.App.prototype.update.call(this);
}
App.loopAnimation = false;
App.animation_time = 10000;

Ball = function(){    Sim.Object.call(this);}
Ball.prototype = new Sim.Object();
Ball.prototype.init =  function(param)
{
    var geometry  = new THREE.SphereGeometry(1, 32, 32);
    var material = new THREE.MeshLambertMaterial({ map: THREE.ImageUtils.loadTexture(
"images/earthmap.jpg" )});
    var mesh = new THREE.Mesh( geometry, material );
    this.setObject3D(mesh);
    this.overCursor = 'pointer';
```

```
        this.animator = new Sim.KeyFrameAnimator;
        this.animator.init({
            interps:
                [
                    {keys:Ball.positionKeys, values:Ball.positionValues,
target:this.object3D.position },
                    {keys:Ball.rotationKeys, values:Ball.rotationValues,
target:this.object3D.rotation }
                ],
            loop: App.loopAnimation,
            duration:App.animation_time
        });
        this.addChild(this.animator);
    }
    Ball.prototype.update = function()
    {
        Sim.Object.prototype.update.call(this);
    }
    Ball.prototype.animate = function(on)
    {
        if (on)
        {
            this.animator.loop = App.loopAnimation;
            this.animator.start();
        }
        else
        {
            this.animator.stop();
        }
    }
    Ball.positionKeys = [0, 0.25,0.5, 0.75, 1];
    Ball.positionValues = [{ x: -5, y: 0, z: 0 },
        { x: -5, y: 5, z: -5 },
        { x: 5, y: 5, z: -5 },
        { x: 5, y: 0, z: 0 },
        { x: -5, y: 0, z: 0 }
        ];
    Ball.rotationKeys = [0, 0.25,0.5, 0.75, 1];
    Ball.rotationValues = [{ y: 0, x: 0 },
        { y: 0, x: -Math.PI / 2 },
        { y: Math.PI, x: -Math.PI / 2 },
        { y: Math.PI, x: 0 },
        { y: 0, x: 0 }
        ];
```

请注意代码中的粗体部分，它是动画实现的关键环节，首先我们初始化一个关键帧类，然后传入一个 JSON 格式的参数进行初始化，该参数包含三部分内容：一是关键帧（interps），二是是否循环（loop），三是持续时间（duration）。其中，interps 参数又是一个 JSON 数组，每一个数组元素对应一种插值数据，也由三部分组成（kyes、values、target），所有动画信息都必须被放到该数组中去，当然这些动画的持续时间都是相同的(取决于 duration 参数)。最后，将 this.animation 类作为目标对象的子类封装进去，Sim.js 框架会自动将子类列表中的所有对象进行更新，程序不需要单独再处理。

代码的最后部分描述了动画数据，keys 数组描述了几个关键帧的时间点，每个元素的取值范围在 0 ～ 1 之间，有几个元素即代表有几个关键帧；values 数组描述了这些关键帧的详细信息，和 keys 数组一一对应。

4.6　骨骼动画

4.6.1　骨骼动画原理

骨骼动画的基本原理是：在骨骼的控制下，通过顶点混合动态计算蒙皮网格的顶点，而骨骼的运动则由关键帧数据驱动。一个典型的骨骼动画通常要包括骨骼层次结构数据（Bones）、骨骼的动画（关键帧）数据、网格 (Mesh) 数据，以及网格顶点与骨骼之间的关联关系数据。

在 Three.js 中，骨骼基本上可以理解为一个空 Object3D 对象，它只需要包含位置信息就可以了，并不直接呈现给用户，各骨骼之间一般要形成链型的层次结构关系。

在 Three.js R62 版本以前，所有的骨骼动画其实都被转换成目标变形动画，并没有实现真正意义上的骨骼动画，因此，本节所介绍的骨骼动画技术是针对 Three.js R73 版本的（特别说明：除本节以外，本书的所有其他章节均使用了 Three.js R62 版本）。图 4-7 是 Three.js R73 版本中提供的一个人物骨骼动画，它能够模拟走路、跑步等动作，模型文件是 examples/models/skinned/marine/marine_anims.js，大小约为 4.6 MB。

图 4-7　人物骨骼动画

4.6.2　手指骨骼动画

一些简单的、规则的、顶点数量不是很多的骨骼动画也可以通过程序来实现，下面的程序制作了一个手指骨骼动画，5 根手指均使用圆柱体来模拟，通过 5 根骨骼来驱动，可以模拟抓取动作，效果图如图 4-8 和图 4-9 所示。网页的脚本文件代码如下：

图 4-8　手指骨骼动画

```
App = function() {Sim.App.call(this);}
App.prototype = new Sim.App();
App.prototype.init = function(param) {
    Sim.App.prototype.init.call(this, param);
    this.camera.position.z = 30;
    this.orbit = new THREE.OrbitControls(camera);
    var ambientLight = new THREE.AmbientLight(0x000000);
    this.scene.add(ambientLight);
    var lights = [];
    lights[0] = new THREE.PointLight(0xffffff,1);
    lights[1] = new THREE.PointLight(0xffffff,1);
```

```
        lights[2] = new THREE.PointLight(0xffffff,1);
        lights[0].position.set(0, 200, 0);
        lights[1].position.set(100, 200, 100);
        lights[2].position.set(-100, -200, -100);
        this.scene.add(lights[0]);
        this.scene.add(lights[1]);
        this.scene.add(lights[2]);

        var obj=new Obj3D();
        obj.init();
        this.addObject(obj);
    }
```

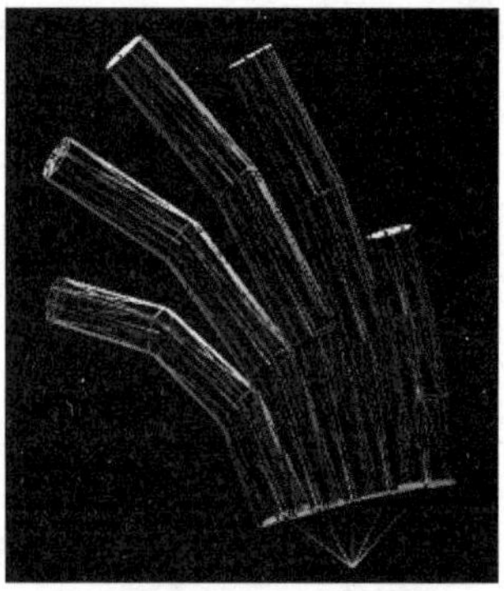

图 4-9　手指骨骼动画网格

```
App.prototype.update = function() {
    Sim.App.prototype.update.call(this);
}


//--Object3D-skinnedMesh--
Obj3D = function() {Sim.Object.call(this);}
Obj3D.prototype = new Sim.Object();
Obj3D.prototype.init = function () {
    this.clock = new THREE.Clock();
    this.segmentHeight = [1.8, 2.3, 2.5, 2.2, 1.2];    // 每根指头高度
    this.segmentCount = 3;                             // 指头分段数
    this.fingers = this.segmentHeight.length;          // 指头数
    this.fvers = 38;                                    // 每根指头的顶点数
    this.height = [];
    this.halfHeight = [];
    for (var i = 0; i < this.segmentHeight.length; i++) {
        this.height.push(this.segmentHeight[i] * this.segmentCount);
        this.halfHeight.push(this.height[i] * 0.5);
    }
    var geometry = this.createGeometry();
    var bones = this.createBones();
    var mesh = this.createMesh(geometry, bones);
    this.mesh = mesh;
    this.setObject3D(mesh);
    this.skeletonHelper = new THREE.SkeletonHelper(mesh);
    this.skeletonHelper.material.linewidth = 2;
    // 是否显示骨骼
    this.object3D.add(this.skeletonHelper);
}


// 创建几何体
Obj3D.prototype.createGeometry = function () {
    var geometry = new THREE.Geometry();
    var k = Math.floor(this.fingers / 2);
    for (var i = -k; i <= k; i++) {
        var g = new THREE.CylinderGeometry(0.35, 0.45, this.height[i +
2], 8, this.segmentCount, false);
```

```
                geometry.merge(g, new THREE.Matrix4().makeTranslation(i, this.
halfHeight[i + k], 0), 1);
        }
        var len = geometry.vertices.length;
        for (var i = 0; i < len; i++) {
            var vertex = geometry.vertices[i];
            var finger = Math.floor(i / this.fvers);      // 第几根手指
            var y = vertex.y + 0.1;                        // 解决 0.999999 的问题
            var skinIndex;
            skinIndex = Math.floor(y / this.segmentHeight[finger]) + 1 + finger * 4;
            var skinWeight = 1;
            geometry.skinIndices.push(new THREE.Vector4(skinIndex, 0, 0, 0));
            //skinIndices 数组与 vertices 一一对应，指明该顶点受哪些骨骼影响
            geometry.skinWeights.push(new THREE.Vector4(skinWeight, 0, 0, 0));
            //skinWeights 指明受各骨骼的影响因子（0--1，和为 1）
        }
        return geometry;
    }

    // 创建骨骼
    Obj3D.prototype.createBones = function () {
        bones = [];
        var RootBone = new THREE.Bone();
        RootBone.position.y = -1;
        bones.push(RootBone);
        for (var i = 0; i < this.fingers; i++) {
            var Bone = new THREE.Bone();
            Bone.position.x = (i - 2);
            Bone.position.y = 1;
            bones.push(Bone);
            RootBone.add(Bone);
            for (var k = 0; k < this.segmentCount; k++) {
                var bone = new THREE.Bone();
                bone.position.y = this.segmentHeight[i];
                bones.push(bone);
                Bone.add(bone);
                Bone = bone;
            }
        }
        return bones;
    }

    // 创建网格
    Obj3D.prototype.createMesh = function (geometry, bones) {
        var material = new THREE.MeshLambertMaterial({
            skinning: true,
            wireframe: true,
            map: THREE.ImageUtils.loadTexture("images/finger.png")
        });
        var mesh = new THREE.SkinnedMesh(geometry, material);
        mesh.add(bones[0]);
```

```
      var skeleton = new THREE.Skeleton(bones);
      mesh.bind(skeleton);
      return mesh;
  }

  Obj3D.prototype.update = function () {
      Sim.Object.prototype.update.call(this);
      var time = this.clock.getElapsedTime();
      for (k = 0; k < this.fingers; k++)
          for (var i = 1; i <= this.segmentCount; i++) {
                  this.mesh.skeleton.bones[i + k * 4].rotation.x = Math.
abs(Math.sin(time+k/10));
              }
      this.skeletonHelper.update();
  }
```

4.7　综合案例

动画技术永远是最活跃的话题之一。在结束本章的讨论以前，我们介绍两个综合实例：第一个例子是一个机器人动画，它能够模拟摆臂、行走、跑步等行为，使用了层级动画和关键帧动画技术；第二个例子是一个连续的关键帧动画，它解决了多个关键帧动画之间的前后衔接问题，使用了 JavaScript 消息"订阅 / 发布"的异步编程技术。

这两个案例都有很强的实践意义，第一个例子告诉我们，通过程序即可以完成一些比较复杂的关节动画，不必再借用建模工具了；第二个例子描述了一种连续关键帧动画的开发框架，可按需定制多个关键帧动画的先后播放顺序，比如机械零件组装、工程施工模拟等。

4.7.1　机器人模型动画

为减少程序代码，我们使用近似的几何体来描述机器人，头部使用球体；躯干和手臂使用长方体；大腿和小腿使用圆柱体。整个模型的层次结构是：以一个空对象为父类，分别包含头部、躯干、手臂和腿部；腿部又由大腿和小腿组成，其中小腿作为大腿的子类；对于手和脚，本程序并没有考虑，毕竟我们不是要开发一个高精度的人物模型。

所有的模型子类都尽量地按照真实尺寸通过 JSON 来定义，这便于我们灵活地修改机器人的大小。

我们的机器人可以模拟摆臂、行走、跑步三个动作，如图 4-10 所示，其他的行为读者可自行补充。完整的网页文件和脚本文件如下：

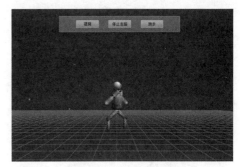

图 4-10　机器人模型

1. 网页文件

```
  <!DOCTYPE html PUBLIC "-//W3C//DTD XHTML 1.0 Transitional//EN" "http://
www.w3.org/TR/xhtml1/DTD/xhtml1-transitional.dtd">
  <html xmlns="http://www.w3.org/1999/xhtml" >
  <head>
```

```
<title>机器人</title>

<style type="text/css">
*{margin:0px;}
#container{ width: 100%; height: 100%;
background-color:#333333;position:absolute; }
#info{ position:absolute; z-index:100; width:400px; margin-left:-200px;
left:50%;top:100px; background-color:#999999; border:solid 1px #efefef;
text-align:center }
#info button{width:80px; height:30px;margin:10px;cursor:pointer;}
 </style>

<script type="text/javascript" src="libs/three.min.js"></script>
<script type="text/javascript" src="libs/FirstPersonControls.js"></
script>
<script type="text/javascript" src="libs/jquery-1.6.4.js"></script>
<script type="text/javascript" src="libs/jquery.mousewheel.js"></script>
<script type="text/javascript" src="libs/RequestAnimationFrame.js"></
script>
<script type="text/javascript" src="libs/Tween.js"></script>
<script type="text/javascript" src="sim/sim.js"></script>
<script type="text/javascript" src="sim/animation.js"></script>
<script type="text/javascript" src="robot2.js"></script>

<script type="text/javascript" >
    var renderer = null;
    var scene = null;
    var camera = null;
    var mesh = null;
    $(document).ready(
        function () {
            var container = document.getElementById("container");
            var app = new App();
            app.init({ container: container });
            app.run();
            $("#01").click(function () {
                if ($("#01").text() == "摆臂") {
                    app.robot.Swing(true);
                    $("#01").text('停止摆臂');
                }
                else {
                    app.robot.Swing(false);
                    $("#01").text('摆臂');
                }
            });
            $("#02").click(function () {
                if ($("#02").text() == "走路") {
                    app.robot.Walk(true);
                    $("#02").text('停止走路');
                }
                else {
```

```
                    app.robot.Walk(false);
                    $("#02").text(' 走路 ');
                }
            });
            $("#03").click(function () {
                if ($("#03").text() == " 跑步 ") {
                    app.robot.Run(true);
                    $("#03").text(' 停止跑步 ');
                }
                else {
                    app.robot.Run(false);
                    $("#03").text(' 跑步 ');
                }
            });
        }
    );
</script>
</head>
<body>
<div id="info">
<button id="01"> 摆臂 </button>
<button id="02"> 走路 </button>
<button id="03"> 跑步 </button>
</div>
<div id="container"></div>
</body>
</html>
```

2．脚本文件

```
App = function(){Sim.App.call(this);}
App.prototype = new Sim.App();
App.prototype.init = function (param) {
    Sim.App.prototype.init.call(this, param);
    // 添加灯光
    var Light = new THREE.DirectionalLight(0xffffff, 1);
    Light.position.set(1, 1, 1);
    this.scene.add(Light);
    // 添加机器人
    var robot = new Robot();
    robot.init();
    this.addObject(robot);
    this.robot = robot;
    // 添加地面网格
    var gh = new THREE.GridHelper(10, 0.4);
    gh.position.set(0, -0.95, 0);
    this.scene.add(gh);
    // 初始化漫游和时钟
    this.camera.position.set(0, 0, 4);
    this.camera.lookAt(this.scene.position);
    this.controls = new THREE.FirstPersonControls(this.camera);
    this.controls.movementSpeed = 1;
```

```
        this.controls.lookSpeed = 0.01;
        this.controls.activeLook = true;
        this.controls.lookVertical = false;
        this.controls.lon = -90;
        this.controls.freeze = true;
        this.clock = new THREE.Clock();
    }
    App.prototype.update = function () {
        Sim.App.prototype.update.call(this);
        var delta = this.clock.getDelta();
        this.controls.update(delta);
        this.robot.object3D.rotation.y += 0.01;
    }
    //==================== 机器人类 ====================
    Robot = function(){Sim.Object.call(this);}
    Robot.prototype = new Sim.Object();
    Robot.prototype.init = function (param) {
        var mesh = new THREE.Object3D();
        this.setObject3D(mesh);

        // 定义机器人各部分参数
        var body = { width: 0.4, height: 0.5, len: 0.2 };
        var head = { r: 0.12 };
        var arm = { width: 0.1, height: 0.5, len: 0.1 };
        var leg = { rt: 0.06, rb: 0.05, height: 0.4 };
    var crus = { rt: 0.05, rb: 0.04, height: 0.3 };

        // 躯干
         var m1 = new THREE.Mesh(new THREE.CubeGeometry(body.width, body.
height, body.len),
                new THREE.MeshLambertMaterial({ map: THREE.ImageUtils.
loadTexture('images/01.jpg') }));
        this.object3D.add(m1);
        this.body = m1;

        // 头部
        var maphead = new THREE.MeshLambertMaterial({ map: THREE.ImageUtils.
loadTexture('images/00.jpg') });
         var m2 = new THREE.Mesh(new THREE.SphereGeometry(head.r, 32, 32),
maphead);
        m2.position.set(0, body.height / 2 + head.r, 0);
        this.object3D.add(m2);
        m2.rotation.set(Math.PI / 3, Math.PI / 2, 0);
    this.head = m2;

        // 定义胳膊的几何形状
        var g = new THREE.CubeGeometry(arm.width, arm.height, arm.len);
         g.applyMatrix(new THREE.Matrix4().makeTranslation(0, -arm.height /
 2, 0));
    var m = new THREE.MeshLambertMaterial({ map: THREE.ImageUtils.
loadTexture('images/02.jpg') });
```

```
    // 左胳膊
    var m3 = new THREE.Mesh(g, m);
    this.object3D.add(m3);
    m3.position.set(body.width / 2 + arm.width / 2 + 0.01, body.height /
2, 0);
    this.leftarm = m3;

    // 右胳膊
    var m4 = new THREE.Mesh(g, m);
    this.object3D.add(m4);
    m4.position.set(-body.width / 2 - arm.width / 2 - 0.01, body.height /
 2, 0);
  this.rightarm = m4;

    // 定义腿部的几何形状
    var g = new THREE.CylinderGeometry(leg.rt, leg.rb, leg.height, 32, 32);
    g.applyMatrix(new THREE.Matrix4().makeTranslation(0, -leg.height / 2, 0));
  var m = new THREE.MeshLambertMaterial({ map: THREE.ImageUtils.
loadTexture('images/04.jpg') });

    // 左腿
    var m5 = new THREE.Mesh(g, m);
    this.object3D.add(m5);
    m5.position.set(0.1, -body.height / 2, 0);
    this.leftleg = m5;

    // 左小腿，子类
     var g1 = new THREE.CylinderGeometry(crus.rt, crus.rb, crus.height,
32, 32);
    g1.applyMatrix(new THREE.Matrix4().makeTranslation(0, -crus.height /
2, 0));
    var mg = new THREE.Mesh(g1, m);
    mg.position.set(0, -leg.height / 2 - crus.height / 2, 0);
    this.leftcrus = mg;
  m5.add(mg);

    // 右腿
    var m6 = new THREE.Mesh(g, m);
    this.object3D.add(m6);
    m6.position.set(-0.1, -body.height / 2, 0);
  this.rightleg = m6;

    // 右小腿，子类
     var g1 = new THREE.CylinderGeometry(crus.rt, crus.rb, crus.height,
32, 32);
    g1.applyMatrix(new THREE.Matrix4().makeTranslation(0, -crus.height /
2, 0));
    var mg = new THREE.Mesh(g1, m);
    mg.position.set(0, -leg.height / 2 - crus.height / 2, 0);
    this.rightcrus = mg;
```

```
    m6.add(mg);

    // 摆臂动作
    this.animator1 = new Sim.KeyFrameAnimator;
    this.animator1.init({
        interps:
            [
            { keys: Robot.armKeys, values: Robot.leftarmValues, target:
this.leftarm.rotation },
            { keys: Robot.armKeys, values: Robot.rightarmValues, target:
this.rightarm.rotation }
            ],
        loop: Robot.loopAnimation,
        duration: Robot.armTime
    });
    this.addChild(this.animator1);

    // 走路动作
    this.animator2 = new Sim.KeyFrameAnimator;
    this.animator2.init({
        interps:
            [
            { keys: Robot.legKeys, values: Robot.leftlegValues, target:
this.leftleg.rotation },
            { keys: Robot.legKeys, values: Robot.rightlegValues, target:
this.rightleg.rotation },
            { keys: Robot.legKeys, values: Robot.leftcrusValues, target:
this.leftcrus.rotation },
                { keys: Robot.legKeys, values: Robot.rightcrusValues,
target: this.rightcrus.rotation }
            ],
        loop: Robot.loopAnimation,
        duration: Robot.walkTime
    });
  this.addChild(this.animator2);

    // 跑步动作
    this.animator3 = new Sim.KeyFrameAnimator;
    this.animator3.init({
        interps:
            [
            { keys: Robot.legKeys, values: Robot.leftlegValues, target:
this.leftleg.rotation },
            { keys: Robot.legKeys, values: Robot.rightlegValues, target:
this.rightleg.rotation },
            { keys: Robot.legKeys, values: Robot.leftcrusValues, target:
this.leftcrus.rotation },
                { keys: Robot.legKeys, values: Robot.rightcrusValues,
target: this.rightcrus.rotation }
            ],
        loop: Robot.loopAnimation,
```

```
            duration: Robot.runTime
        });
        this.addChild(this.animator3);
    }
    Robot.prototype.update = function () {
        Sim.Object.prototype.update.call(this);
    }

    // 摆臂
    Robot.prototype.Swing = function (on) {
        if (on) {
            this.animator1.start();
        }
        else {
            this.animator1.stop();
        }
    }

    // 走路
    Robot.prototype.Walk = function (on) {
        if (on) {
            this.animator2.start();
            this.animator1.duration = Robot.walkTime;
            this.animator1.start();
        }
        else {
            this.animator2.stop();
            this.animator1.stop();
        }
    }

    // 跑步
    Robot.prototype.Run = function (on) {
        if (on) {
            this.animator3.start();
            this.animator1.duration = Robot.runTime;
            this.animator1.start();
        }
        else {
            this.animator3.stop();
            this.animator1.stop();
        }
    }

    Robot.loopAnimation = true;
    Robot.armTime = 1000;
    Robot.armKeys = [0, 0.5, 1];
    Robot.leftarmValues = [{ x: Math.PI / 2 }, { x: -Math.PI / 2 }, { x:
Math.PI / 2 }];
    Robot.rightarmValues = [{x: -Math.PI / 2 }, {x: Math.PI / 2 }, {x:
-Math.PI / 2}];
```

```
Robot.walkTime = 1000;
Robot.legKeys = [0, 0.5, 1];
Robot.leftlegValues = [{ x: Math.PI / 2 }, { x: -Math.PI / 2 }, { x:
Math.PI / 2}];
Robot.rightlegValues =[{ x: -Math.PI / 2 }, { x: Math.PI / 2 }, { x:
-Math.PI / 2}];
Robot.leftcrusValues =[{ x: -Math.PI / 2 }, { x: Math.PI / 2 }, { x:
-Math.PI / 2}];
Robot.rightcrusValues =[{ x: Math.PI / 2 }, { x: -Math.PI / 2 }, { x:
Math.PI / 2}];
Robot.runTime = 400;
```

最后这些参数定义了各个动作的幅度和快慢程度，比如 1 次摆臂动作需要 1 s 时间，摆臂幅度为 180°，从前胸摆到后背，左右手正好相反。另外，在走路和跑步这两个动作中，我们隐式地启动了摆臂动作，这可以让机器人看起来更加人性化。

4.7.2　连续关键帧动画

当我们的程序中出现了多个关键帧动画，并且希望他们按一定的顺序播放时，就需要用到连续的关键帧动画技术，比如动态模拟一栋房子的修建过程。

在 Three.js 提供的示例文档中，有一个机械组装的动画（见图 4-11），它展示了一台发动机的组装过程，一共包含了 48 个关键帧动画。

这 48 个关键帧动画在时间轴上被固定于某个区间内播放，比如某个关键帧的时间区域是 [0, 0.15]，另一个关键帧的时间区域可能是 [0.1, 0.2]，从表象上看，也能体现一些连续播放的效果。

图 4-11　机械组装动画

这是一种很死板的控制策略，不够灵活，比如某一个关键帧需要修改播放时间，那么后续的所有关键帧都需要跟着修改播放时间。一种更好的策略是消息控制机制，即前一个关键帧播放结束后发布某个特殊指令，通知下一个关键帧开始播放，这样一来，我们可以更多地专注于单个关键帧动画的实现，而不必考虑互相之间的衔接问题。

在 Sim.js 提供的 KeyFrameAnimator 类中，并没有考虑多关键帧的连续播放问题，在动画运行结束时，统一发布了 "complete" 消息，源码如下（出自 animation.js）：

```
Sim.KeyFrameAnimator.prototype.stop = function()
{
    this.running = false;
    this.publish("complete");
}
```

这段代码原本的意思是通过发布 "complete" 消息，使得用户可以通过订阅该消息的方式来捕获动画结束事件，从而执行一些新的任务。然而，对于连续关键帧动画来说，这样的设计无法区分是哪个动画发布了该消息，因为所有的动画结束后都会发布该消息。

对 KeyFrameAnimator 类做一点改进，让每一个动画结束后发布不同的"完成"消息，如 done1、done2、done3 等，依此类推，这样便可以在程序中区分开各个关键帧动画，从而触发不同的后续动作；同时，出于优化考虑，一些已经被"阅读"了的完成消息，要做一些清扫性的工作，即取消订阅（unsubscribe）；最后，如果有两个动作需要同时执行，它们只需要订阅相同的前序"完成"消息即可。

改进的内容如下（animation.js）：

（1）修改 Sim.KeyFrameAnimator.prototype.init 方法的 param 参数，增加一个 id 属性，并在函数体中增加一行代码：

```
this.id = param.id ? param.id : '';
```

这样做的意义在于，我们可以通过 id 来区分开各个关键帧动画。

（2）修改 Sim.KeyFrameAnimator.prototype.init.stop 方法；

源代码：this.publish("complete")；

修改后：this.publish("complete"+this.id ,this.id);

这样做的意义在于，不同的动画结束后将发布不同的"完成"消息，同时还将 id 传递给了订阅者，便于他决定执行哪一个后续的动作。

（3）修改 Sim.KeyFrameAnimator.prototype.init.update 方法；

源代码：this.publish("complete");

修改后：this.publish("complete"+this.id,this.id);

意义同上。

我们用修改后的引擎来模拟一栋房子的修建过程，为简化程序，此处的房子仅包含了几个基本的元素，包括砖、楼板、窗户和墙面砖，尽管这对于真实的楼房来说远远不够，但对于说明我们的问题来说足够了。其中，每一个部件的搭建过程都是一个关键帧动画，它们由场景外（一个很远的初始位置）飞入，并被放置于事先预设的位置上，最终效果如图 4-12 所示。

网页文件和部分的脚本文件如下：

图 4-12　连续关键帧动画

1．网页文件

```
<html>
<head>
<title>连续关键帧动画 </title>
    <script src="libs/Three.js"></script>
    <script src="libs/jquery-1.6.4.js"></script>
    <script src="libs/jquery.mousewheel.js"></script>
    <script src="libs/RequestAnimationFrame.js"></script>
    <script src="libs/FirstPersonControls.js"></script>
    <script src="libs/Tween.js"></script>
    <script src="sim/sim.js"></script>
    <script src="sim/animation.js"></script>
    <script src="app/brick.js"></script>
    <script src="app/brick_data.js"></script>
    <script src="app/window.js"></script>
    <script src="app/window_data.js"></script>
```

```
    <script src="app/plane.js"></script>
    <script src="app/wall.js"></script>
    <script src="app/wall_data.js"></script>
    <script src="app/app.js"></script>
    <script>
    var renderer = null;
    var scene = null;
    var camera = null;
    var mesh = null;
    $(document).ready(
        function() {
            var container = document.getElementById("container");
            var app = new App();
            app.init({ container: container });
            app.run();
        }
    );
    </script>
  </head>
  <body>
    <div id="container" style="width:100%; height:100%; overflow:hidden;
position:absolute; background-color:#000000"></div>
  </body>
  </html>
```

2. 主脚本文件（app.js）

```
App = function(){     Sim.App.call(this);}
App.prototype = new Sim.App();
App.prototype.init = function(param)
{
    Sim.App.prototype.init.call(this, param);
    var light = new THREE.DirectionalLight(0xffffff, 1);
    light.position.set( 1, 1, 1 );
    this.scene.add(light);
    this.camera.position.set(0, 8, 30);
    this.camera.lookAt({x:0,y:0,z:0});
    this.clock = new THREE.Clock();
    this.controls = new THREE.FirstPersonControls( this.camera );
    this.controls.movementSpeed = 2;
    this.controls.lookSpeed = 0.04;
    this.controls.lon = -90;
    this.createPlane();                    // 创建地板
    this.step=0;                           // 关键帧序列号
    this.actions = [];                     // 保存所有的关键帧
    this.animating = false;
    for (var i=0;i<cube_pos.length;i++)    // 初始化所有的关键帧
        {
        var cube = new Brick();
        this.step = i+1;
        cube.init(cube_pos[i],this.step);  // 传入每一个部件的位置和动画序号
        cube.setPosition(2000,2000,2000);
```

```
            this.addObject(cube);
            this.actions.push(cube);
                this.actions[i].animator.subscribe("complete"+this.step.
toString(), this , this.onAnimationComplete);
                // 订阅 " 完成 " 消息，并触发 onAnimationComplete 函数
        }
        ...              // 依次初始化其他类
    }


    // 单击鼠标开始播放
    App.prototype.handleMouseUp = function(x, y)
    {
        if (this.animating) return;
        this.animating=true;
        this.actions[0].animate(true);
    }


    // 在各关键帧动画之间切换，参数 e 由 publish 方法传入
    App.prototype.onAnimationComplete = function(e)
    {
        this.actions[e-1].animator.unsubscribe("complete"+e);
        // 已经完成的动画，要取消订阅
        if (e<this.actions.length){
            this.actions[e].animate(true);      // 播放下一个动画
        }
    }


    App.prototype.update = function()
    {
        var delta = this.clock.getDelta();
        this.controls.update( delta );
        Sim.App.prototype.update.call(this);
    }
```

onAnimationComplete 方法是实现连续关键帧动画的关键所在，每一段动画结束都会触发该函数的执行。根据传入的参数 e（e 在 publish 方法中被定义为动画 id），首先取消前一段动画的消息订阅，然后开始播放下一段动画，直至所有的动画执行完毕。

基于消息驱动的连续关键帧动画播放机制更加符合真实的工程项目流程，通过巧妙地定义消息，可以实现灵活的动画播放顺序，这对于一些工程动画的实现具有重要意义，比如机械组装、工程施工等。

课后练习

1. 利用几何变形动画技术，制作一个红旗飘飘的动画效果。
2. 利用关键帧动画技术，制作一个机器人摆臂、摇头的关节动画。
3. 利用连续关键帧动画技术，制作一个计算机组装过程的演示动画。
4. 利用骨骼动画技术，制作一个简易的手臂抓取物品动画。

第 5 章

应用篇

到目前为止，我们一直在介绍 WebGL、Three.js、Sim.js、Tween.js 等代码库的使用，从本质上说，它们只是一个绘图库，对于程序员来说，它们只是一些接口 API。本章将从用户的角度出发，探讨如何利用它们开发一些具有实用价值的应用程序。

首先是建模问题，WebGL 并不是一个可视化的建模工具，利用它们进行一些简单的建模是可行的，但对于大型复杂的 3D 模型来说就显得力不从心了。现在，工业模型一般都采用专业的建模软件来设计制作，因此模型导入是一个重要课题。

其次，在模型处理和应用发布问题上，会有一些共性的问题，比如天空盒、文本纹理、碰撞检测、场景巡游、JavaScript 加密等，还会涉及一些网页设计方面的技巧问题，比如浮动的 DIV、2D 与 3D 页面的整合、导航地图等。

最后，WebGL 程序最终要与传统的 MIS 系统对接。WebGL 的优势在于界面，然而仅仅依靠绚丽的 3D 界面并不能赢得市场，它必须要服务于某个特定的行业，要与数据关联，要在 B/S 结构的应用系统中发挥其特有的功能。

从本章开始，将来探讨这些问题。

5.1 模型导入

3D 建模领域至今还没有一个国际标准，各厂商都有自定义的格式，因此模型解析是一项很烦琐的工作，每一种格式都需要一个特定的解析程序。目前，Three.js 支持的三维模型包括 Obj、Dae、Json、Ctm、Ply、Stl、Utf8、Vrml、Vtk，随着 Three.js 新版本的不断发布，支持的模型将越来越多。

各种模型格式之间的区别很大，试图搞清楚每一种模型的存储格式会花费大量的时间和精力，而且一般没有这个必要。另外，有很多工具可以在各种模型格式之间互相转换。

Three.js 为上述每一种模型提供了一个解析类，可以根据实际需要导入特定的类。无论哪种格式的模型，经过 Three.js 解析后内容都相仿，即若干 Object3D 对象的组合，所以只要清楚如何处理 Object3D 对象就可以了。当然，有些模型支持动画，动画的运行部分需要自己编写程序实现。

由于各种模型的处理程序大同小异，本书介绍最常用的三种模型的导入，它们是 Obj 模型、Dae 模型和 Json 模型。

5.1.1 Obj 模型

在 3D 建模领域，由于历史原因（没有统一标准），过去用于工业建模设计上的交换格式，3ds 和 Obj 成为最具代表性的两种静态模型格式，其中 Obj 格式由于没有专利限制，使用文本存储，被广泛采纳。现在几乎所有的建模工具都支持 Obj 格式的输出，应用面非常广泛，下面先讨论这种模型。

Obj 是一种静态模型，模型的主要内容是点、线、面、法线和材质。Three.js 默认情况下，会将 Obj 模型整体封装成一个 Object3D 对象，并以网格（Mesh）的形式返回给用户。下面的代码描述了在 Sim.js 框架下导入 Obj 模型的一般方法。

```
Obj = function(){Sim.Object.call(this);}
Obj.prototype = new Sim.Object();
Obj.prototype.init = function(param){
    var ObjGroup = new THREE.Object3D();
    this.setObject3D(ObjGroup);
    var loader = new THREE.OBJMTLLoader();
    var that = this;
    loader.load(param.obj,param.mtl,function(object){
        that.object3D.add( object );
    });
}
```

这段代码首先创建了一个空 Object3D 对象，Object3D 类是场景中所有对象的基类；然后实例化了 THREE.OBJMTLLoader() 类的一个变量 loader，并通过 load() 方法导入模型，其中 param 参数是自定义的，这儿使用了 JSON 格式，包含两个属性 obj 和 mtl，分别对应了模型文件和材质文件。

注意模型的导入过程是通过回调函数异步完成的，模型本身可能很大，Three.js 会将整个 Obj 模型封装成一个网格对象，返回给调用进程，并最终将这个网格对象作为前面的空 Object3D 对象的子类添加进去。

再次提醒此处的异步问题，也就是说 loader.load 语句后面的程序可能会先被执行，而这时候模型可能还没有被完全导入，如果立刻就开始处理模型，可能会出现错误。

导入 Obj 模型的完整的网页文件和脚本文件如下：

1．网页文件

```
<html>
<head>
<title>OBJ 模型 </title>
    <script src="libs/Three.js"></script>
    <script src="libs/jquery-1.6.4.js"></script>
    <script src="libs/jquery.mousewheel.js"></script>
    <script src="libs/RequestAnimationFrame.js"></script>
    <script src="libs/MTLLoader.js"></script>
    <script src="libs/OBJMTLLoader.js"></script>
    <script src="sim/sim.js"></script>
    <script src="main.js"></script>
    <script>
```

```
        var renderer = null;
        var scene = null;
        var camera = null;
        var mesh = null;
        $(document).ready(
            function() {
                var container = document.getElementById("container");
                var app = new App();
                app.init({ container: container });
                app.run();
            }
        );


    </script>
</head>
<body>
    <div id="container" style="width:100%; height:100%; overflow:hidden; position:absolute;
background-color:#000000"></div>
</body>
</html>
```

2. 脚本文件

```
App = function(){Sim.App.call(this);}
App.prototype = new Sim.App();
App.prototype.init = function(param){
    Sim.App.prototype.init.call(this, param);
    this.scene.add( new THREE.AmbientLight( 0xa0a0a0 ) );
    var directionalLight = new THREE.DirectionalLight( 0xffffff );
    directionalLight.position.set( 1, 1, 0 );
    this.scene.add(directionalLight);
    var obj = new Obj();
    obj.init({obj:'models/01.obj',mtl:'models/01.mtl'});
    this.addObject(obj);
    this.camera.position.set(0,0,20);
    this.camera.lookAt( this.scene.position );
}
Obj = function(){Sim.Object.call(this);}
Obj.prototype = new Sim.Object();
Obj.prototype.init = function(param){
    var ObjGroup = new THREE.Object3D();
    this.setObject3D(ObjGroup);
    var that=this;
    var loader = new THREE.OBJMTLLoader();
    loader.load(param.obj,param.mtl,function(object){
        that.object3D.add(object);
    } );
}
```

5.1.2 Dae 模型

Dae（Digital Asset Exchange，数字产品交换）模型也称 Collada 模型，是由非营利性组织 Khronos 负责维护的开放性三维模型格式，该组织也制定了 OpenGL、WebGL 等标准，由于 Dae 模型和 WebGL 出自于同一组织，有理由认为两者的搭配应该是非常默契的，作为一个开放性的标准，现在也被各方支持。

Dae 模型使用 XML 格式存储（见图 5-1），它不但可以存储静态模型，而且可以存储动态模型。

```
<?xml version="1.0" encoding="utf-8" ?>
- <COLLADA xmlns="http://www.collada.org/2005/11/COLLADASchema" version="1.4.1">
  + <asset>
  + <library_animations>
  + <library_animation_clips>
  + <library_images>
  + <library_materials>
  + <library_effects>
  + <library_geometries>
  + <library_controllers>
  + <library_visual_scenes>
  + <scene>
  </COLLADA>
```

图 5-1　Dae 模型格式

下面的代码描述了在 Sim.js 框架下导入 Dae 模型的一般方法。

```
var daeGroup = new THREE.Object3D();
this.setObject3D(daeGroup);
var that=this;
var dae="model_dae/revit.dae";
var loader = new THREE.ColladaLoader();
loader.options.convertUpAxis = true;
loader.load( dae, function ( collada ) {
    var m = collada.scene;
    that.object3D.add(m);
} );
```

请注意代码中的粗体部分，THREE.ColladaLoader() 会遍历整个 dae 文件，并将模型、动画、皮肤等信息以 JSON 格式返回给应用程序，其中，scene 部分保存了网格数据，其他数据还包括 skins（蒙皮与变形动画部分的数据）、animations（关键帧动画数据）等。

Dae 模型不仅仅可以保存模型信息，还可以保存场景信息，如摄像机、灯光等，对于动画模型来说，还会包含骨骼、关键帧等信息。这使得 Dae 文件往往过于庞大，读取和解析工作相对困难。图 5-2 展示了一个 dae 格式的静态模型，它是在 Revit 中建模并导出成 dae 格式的。

图 5-2　Dae 模型

5.1.3 Json 模型

Json 模型是专为 Three.js 设计的，它采用 Json 格式存储，本身就是 JavaScript 的，浏览器可以直接读取其中的数据。

下面的代码描述了在 Sim.js 框架下应用 Json 模型的一般方法。

```
var JsonGroup = new THREE.Object3D();
this.setObject3D(JsonGroup);
var that=this;
var json="model/horse.js";
var loader = new THREE.JSONLoader();
loader.load(json,function(geometry,materials){
var object = new THREE.Mesh( geometry, new THREE.MeshFaceMaterial(materials));
    that.object3D.add(object);
} );
```

Json 格式只能描述单一网格的模型，不能描述整个场景。另外，Json 格式允许单一网格拥有多个材质，在 JSONLoader 的回调函数中，传回来的并不是一个网格对象，而是一个几何（geometry）对象和一个材质（matreials）对象，需要通过 Three.js 提供的 MeshFaceMaterial 进行处理。

在 3ds Max 中利用 Three.js 提供的插件将模型导出成 Json 格式后，会存在贴图混乱的现象，这可能是由于大多数的实体模型会包含多个网格对象的原因，这种限制使得 Json 格式并不适合用在实际的 Web3D 项目中。

5.2 点云模型

5.2.1 点云数据

我们把点云模型单独作为一小节是因为在实践中，并非所有的模型都包含点、线、面这些元素，也并非所有的模型都是通过建模软件来制作的，有些模型可能只包含点云数据。

在使用三维激光扫描仪进行三维扫描成像时，得到的模型就是点云数据，只要扫描的精度足够细致，就可以达到矢量模型的效果。

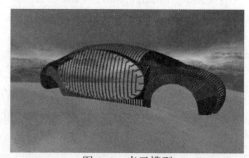

5.2.2 点云汽车模型

图 5-3 是一个点云汽车模型，它由三维激光扫描仪扫描成像，并经过了后期优化处理，整个模型由 363 22 个三维点云数据组成，使用纯文本存储，文件大小约 1.6 MB，使用 Json 格式存储，内容如下：

图 5-3　点云模型

```
var car = [
{X: -26.757425 ,Y: 18.616935 ,Z: -26.144854},
{X: -26.697479 ,Y: 18.626360 ,Z: -26.205999},
{X: -26.637501 ,Y: 18.636101 ,Z: -26.267050},
{X: -26.577450 ,Y: 18.645990 ,Z: -26.327999},
{X: -26.517309 ,Y: 18.656010 ,Z: -26.388849},
{X: -26.457100 ,Y: 18.666161 ,Z: -26.449579},
{X: -26.396799 ,Y: 18.676460 ,Z: -26.510210},
{X: -26.336420 ,Y: 18.686880 ,Z: -26.570721},
{X: -26.275961 ,Y: 18.697439 ,Z: -26.631121},
```

```
    ...
    ];
```

请注意在本例中，点云只携带了坐标数据，没有颜色数据。

由于点云模型携带的数据量可能非常大，Three.js 提供了一种可以快速渲染的几何体 BufferGeometry（本书 2.4.2 节中曾经提到过），并利用粒子系统（ParticleSystem）生成网格对象，主要代码如下：

```
Obj = function(){Sim.Object.call(this);}
Obj.prototype = new Sim.Object();
Obj.prototype.init = function()
{
    var num = car.length;
    this.setObject3D(new THREE.Object3D());
    var particles = num;
    var geometry = new THREE.BufferGeometry();
    geometry.addAttribute( 'position', Float32Array, particles, 3 );
    geometry.addAttribute( 'color', Float32Array, particles, 3 );
    var positions = geometry.attributes.position.array;
    var colors = geometry.attributes.color.array;
    var color = new THREE.Color();
    for ( var i = 0; i < particles; i ++ ) {
        positions[ i*3 ]     = car[i].X;
        positions[ i*3 + 1 ] = car[i].Y;
        positions[ i*3 + 2 ] = car[i].Z;
        var vx = (particles - i) / particles ;
        var vy = 0;
        var vz = i / particles ;
        color.setRGB( vx, vy, vz );
        colors[ i*3 ]     = color.r;
        colors[ i*3 + 1 ] = color.g;
        colors[ i*3 + 2 ] = color.b;
    }
    geometry.computeBoundingSphere();
    geometry.computeBoundingBox();
    var y1 = geometry.boundingBox.min.y;
    var y2 = geometry.boundingBox.max.y;
    var y= (y1+y2)/2;
    geometry.applyMatrix( new THREE.Matrix4().makeTranslation( 0,-y,0 ) );
    var material = new THREE.ParticleSystemMaterial( { size: 0.5, vertexColors:
true } );
    particleSystem = new THREE.ParticleSystem( geometry, material );
    particleSystem.scale.set(0.2,0.2,0.2);
    particleSystem.rotation.set(-Math.PI /2 ,0,0);
    this.object3D.add( particleSystem );
}
```

请注意代码中的两段粗体部分，第一部分设定了每个点的颜色值，由于原模型并没有携带颜色，此处手工为其添加了颜色，从头至尾的变化规律是由红色逐渐变化到蓝色，绿色分量始终为 0。从图 5-3 中可以看出，前挡风玻璃和后保险杠所对应的点云出现在最后。

第二部分粗体代码先计算了几何体的包围盒（包围盒常用于碰撞检测，在 5.5 节中详细介绍），然后利用 applyMatrix 方法将几何体在 y 轴方向上提升了几何体高度的一半，这可以保证最终渲染出来的网格对象整体以水平面为基准，这是在程序设计中常用的一个技巧。

最后将整个粒子系统沿 x 轴逆时针旋转了 90°，因为原模型是从顶部（俯视）扫描的。

5.3 全景图

5.3.1 全景图的作用

并非所有的 3D 场景都需要通过建模来实现，对于一些不能抵达的目标点（比如天空），使用贴图的方法也能起到同样的效果。很多 FPS 类的游戏场景都使用了这种贴图技术，看起来是三维的，然而永远都不能抵达。如果贴图是 360° 的，就叫做全景图，其典型的用途是天空盒，用于模拟整个外围的 3D 场景。

根据实际情况的不同，天空盒可以采用球体、正方体、圆柱体等，取决于使用什么样的全景图。

5.3.2 全景图制作技巧

1. 球体天空盒

如果有一张的 360° 全景图，那么可以使用球体天空盒。图 5-4 是一个典型的球体全景贴图，将它用作一个球体的纹理材质后，在球心处向四周观看，可以看到一个完整的天空。

图 5-4 360° 全景图

球体天空盒的最大难度是如何制作一张全景图片，必须使用具有全景拍照功能的摄像机或者三维扫描仪。

2. 立方体天空盒

如果拥有立方体 6 个面的单张图片（两两首尾无缝拼接），那么可以使用正方体天空盒，从效率上讲，立方体天空盒的运行效率更高，因为它没有曲面，计算量小。

图 5-5 是与图 5-4 等效的正方体天空盒的 6 面图，然而生成这 6 幅图片仍然面临很大困难，一般必须从球体全景图转换而来。

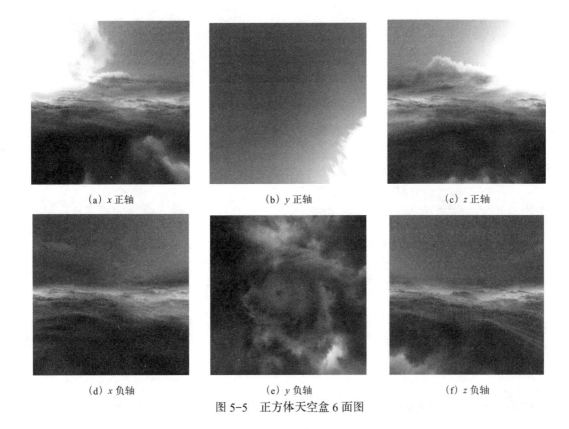

(a) x 正轴　　　　　　　(b) y 正轴　　　　　　　(c) z 正轴

(d) x 负轴　　　　　　　(e) y 负轴　　　　　　　(f) z 负轴

图 5-5　正方体天空盒 6 面图

3. 圆柱体天空盒

使用普通的数码拍照设备也可以进行全景拍
摄，只是难以达到 360°拍摄的效果，而且相片并
非球面的，因此在使用时有一定限制，要想达到
良好的视觉效果，可以使用圆柱体天空盒。编者
站在石家庄铁路职业技术学院北校区的图书馆门
口，使用一个普通的手机拍摄了一张 270°左右的
全景图，并将它贴至圆柱体面，最终的效果如图
5-6 所示，通过控制摄像机的旋转角度，能够实
现 270°左右的全景效果。主要的代码如下：

图 5-6　圆柱体全景图

```
var clock = new THREE.Clock();
var controls;
App = function(){    Sim.App.call(this);}
App.prototype = new Sim.App();
App.prototype.init = function(param)
{
    Sim.App.prototype.init.call(this, param);
    var texture = THREE.ImageUtils.loadTexture( 'images/caochang.png' );
    var object = new THREE.Mesh( new THREE.CylinderGeometry( 100, 100,
100, 40, 5 ), new THREE.MeshBasicMaterial( { map: texture } ) );
    object.scale.x = -1;
```

```
    object.position.set(0, 0, 0 );
    this.scene.add( object );
    controls = new THREE.FirstPersonControls( this.camera );
    controls.movementSpeed = 0;            // 不允许移动摄像机
    controls.lookSpeed = 0.03;
    controls.lookVertical = false;         // 不允许上下观看
    controls.lon = -90;                    // 摄像机逆时针旋转 90°
    this.focus();
}
App.prototype.update = function()
{
    var delta = clock.getDelta();
    controls.update( delta );
    if (controls.lon<-270) controls.lon=-270;
    if (controls.lon>0) controls.lon=0;
    Sim.App.prototype.update.call(this);
}
```

代码中第一段粗体部分生成了一个圆柱体并引用了全景图，object.scale.x = −1 的意思是将圆柱体在 x 轴上做一个镜像翻转，这是在应用天空盒模型中常用的一个技巧；第二段粗体代码用于控制摄像机的旋转角度，保证用户屏幕上不出现全景图左右两端的对接部分。

5.4 Canvas 文本纹理

5.4.1 使用 Canvas 2D 纹理

大多数情况下，模型的纹理使用颜色、贴图文件等静态元素，本书 2.6 节详细地介绍过这部分知识。Three.js 允许将 Canvas 2D 纹理用作材质，由此便可以在程序中动态地开发一些材质。

图 5-7 是利用 Canvas 2D 开发的一个地板纹理，如果不很清楚 Canvas 标记的使用方法，请参考 http://www.w3school.com.cn/html5/html_5_canvas.asp。

图 5-7 地板纹理

主要代码如下：

```
App.prototype.createPlane = function()
{
        var imageCanvas = document.createElement( "canvas" );
        var context = imageCanvas.getContext( "2d" );
        imageCanvas.width = imageCanvas.height = 128;
```

```
        context.fillStyle = "#444";
        context.fillRect( 0, 0, 128, 128 );
        context.fillStyle = "#888";
        context.fillRect( 0, 0, 64, 64);
        context.fillRect( 64, 64, 64, 64 );
        var textureCanvas = new THREE.Texture( imageCanvas, THREE.UVMapping,
THREE.RepeatWrapping, THREE.RepeatWrapping );
        var materialCanvas = new THREE.MeshBasicMaterial( { map: textureCanvas } );
        textureCanvas.repeat.set( 40, 40 );
        var geometry = new THREE.PlaneGeometry( 128, 128 );
        var meshCanvas = new THREE.Mesh( geometry, materialCanvas );
        meshCanvas.rotation.x = - Math.PI / 2;
        this.scene.add(meshCanvas);
    }
```

5.4.2　Canvas 文本文理

Canvas 元素支持的内容很丰富，如线段、矩形、文本、图片、曲线等。对于程序来说，最常用的一个技巧是使用 Canvas 文本做纹理，从而实现汉字文本的 3D 展示。这是一个很重要的技巧，一方面是因为 Three.js 提供的 TextGeometry 只能显示英文字库，另一方面是因为由此可以动态地创建文本纹理。在图 5-8 所示的例子中，我们导入了一台跑车的模型，并修改了车牌部分的材质，编者在这儿贴上了自己的姓名，读者可以把它修改成任何其他内容，甚至可以是从数据库中读取而来的内容，从而开发一些游戏类的程序。

图 5-8　Canvas 文本纹理

主要的代码如下：

```
if (object instanceof THREE.Mesh) {
    if (object.material) {
        var m = object.clone();
        if (m.id == 115) {    //车牌号部分
            var imageCanvas = document.createElement("canvas");
            imageCanvas.width = 128;
            imageCanvas.height = 32;
            var context = imageCanvas.getContext("2d");
            context.fillStyle = "#0000ff";
            context.fillRect(0, 0, 128, 32);
            context.font = "30px 黑体";
            context.fillStyle = "#ffffff";
```

```
                var txt = " 郑华 ";
                context.fillText(txt,imageCanvas.width/2-30,imageCanvas.height-2);
                var textureCanvas = new THREE.Texture(imageCanvas, THREE.UVMapping);
                textureCanvas.needsUpdate = true;
                var materialCanvas = new THREE.MeshLambertMaterial( { map: textureCanvas});
                m.material = materialCanvas;
                this.object3D.add(m);
            }
        }
    }
```

这段代码涉及模型分析的问题，我们将在下一小节中详解介绍，现在只需要掌握利用 Canvas 文本进行贴图的方法就可以了。

5.5　场景巡游

到目前为止，已经基本完成了对 Three.js 引擎的介绍，尽管不是面面俱到，但有了这些基础，读者应该有能力进行更深入的学习；同时，我们还学习了一些在实践中常用的程序开发技巧和 JavaScript 高级编程技术，下面从场景巡游开始编写一些实用级别的应用程序。

注意在本例中，场景本身是基于模型导入的（实践中也基本如此）。对于单一的场景巡游来说，唯一需要解决的问题就是碰撞检测，即当摄像机和模型中的任一子类发生碰撞时，摄像机要退回原位，而不是穿墙而过。因此，模型分析是首先需要解决的问题，摄像机可能会和模型中的任意一个子类发生碰撞，必须先搞清楚模型中都有哪些子类。

5.5.1　模型分析

无论哪种格式的模型，Three.js 最终都会将其解析为若干 Object3D 对象的组合，每个模型子类对应一个 Object3D 对象，然而这些 Object3D 对象之间可能有着复杂的层级关系，因此遍历所有的 Object3D 对象并不是一件容易的事情，必须使用递归的方法。

Three.js 提供了一个可以遍历所有层级关系的函数 traverse，他被封装在了 THREE.Object3D 类中，由于这是个基类，所有的 3D 对象其实都能调用该函数，函数体如下（出自 src/core/Object3D.js）：

```
traverse: function ( callback ) {
    callback( this );
    for ( var i = 0, l = this.children.length; i < l; i ++ ) {
        this.children[ i ].traverse( callback );
    }
}
```

这是一种典型的递归调用方法，即在 traverse 函数体里面又调用了 traverse 函数，直至所有的子类处理完毕。

利用 traverse 函数可以进行模型分析，递归查找出模型中的所有子类，然后就可以为每一个子类独立地进行碰撞检测了。下面的代码描述了 Obj 模型分析的一般方法，其他模型的分析原理是一样的。

```
var Boxs = []; // 保存每一个子类，用于碰撞检测
Obj = function(){Sim.Object.call(this);}
Obj.prototype = new Sim.Object();
Obj.prototype.init = function (param) {
    var ObjGroup = new THREE.Object3D();
    this.setObject3D(ObjGroup);
    var loader = new THREE.OBJMTLLoader();
    var that = this;
    loader.load(param.obj, param.mtl, function (object) {
        object.traverse(function (obj) { that.createmodel(obj); });
    });
}

Obj.prototype.createmodel = function (object) {
    if (object instanceof THREE.Mesh) {
        if (object.material) {
            var m = object.clone();
            this.object3D.add(m);
            Boxs.push(m);
        }
    }
}
```

这段代码首先利用 loader.load 方法导入模型，然后对返回的 object 对象利用 traverse 方法进行递归搜索，对于搜索到的每一个子类，调用 createmodel 函数，完成模型的重组，同时将所有子类推入了 Boxs 数组，用于后期的碰撞检测。

5.5.2 碰撞检测

碰撞检测问题需要良好的算法，目前最成熟的算法是包围盒，其核心思想是用体积略大于模型本身但几何特性简单的包围盒来近似地描述需要进行碰撞检测的复杂几何对象，然后对包围盒进行碰撞检查即可。

常见的包围盒类型有包围球（Sphere）、沿坐标轴的包围盒 AABB（Axis-Aligned Bounding Boxes）、方向包围盒 OBB（Oriented Bounding Box）、和 k-DOPs（Discrete Orientation Polytope）等。选择一种合适的包围盒主要考虑两个因素：一是要考虑包围盒与模型的紧密程度，紧密度高意味着碰撞检测的精准度就高；二是要考虑计算复杂度，高精准的碰撞检测同时也意味着大量额外的计算开销。

此处我们使用 AABB 包围盒算法，其计算复杂度不高，适合 Web 轻量的特点；同时也能满足我们的精度要求，因为仅对于巡游来说，并不需要非常精确的碰撞检测。

根据包围盒的三边长和中心点坐标，可以判断摄像机是否进入了包围盒的内部（见图 5-9）。判断方法是计算摄像机在 x、y、z 三个方向上与包围盒中心点的距离，如果它们均小于包围盒三条边长的一半，那么可以认定碰撞了。

碰撞检测函数的代码如下：

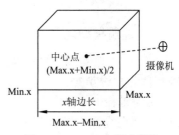

图 5-9　AABB 包围盒算法

```
App.prototype.testcollision = function()
{
    var val = false;
    var pos = new THREE.Vector3();
    pos = this.camera.position.clone();
    for (var i=0;i<this.Boxs.length;i++){
        var box = this.Boxs[i];

        // 计算包围盒
        var boudingbox = new THREE.Box3();
        boudingbox.setFromObject(box);
        if (boudingbox.empty()) return;
        var min = boudingbox.min;
        var max = boudingbox.max;

        // 包围盒三边长的一半
        var len_x = (max.x - min.x)/2;
        var len_y = (max.y - min.y)/2;
        var len_z = (max.z - min.z)/2;

        // 包围盒中心坐标
        var p = new THREE.Vector3();
        p.x = (max.x + min.x) / 2;
        p.y = (max.y + min.y) / 2;
        p.z = (max.z + min.z) / 2;

        // 摄像机距离包围盒中心的距离
        var px = Math.abs(pos.x - p.x);
        var py = Math.abs(pos.y - p.y);
        var pz = Math.abs(pos.z - p.z);

        // 判断是否发生碰撞
        if (px<=len_x && py<=len_y && pz<=len_z) {
            val = true ;
            box.material.emissive.setHex( 0xff0000 );   // 碰撞提醒
        }
    }
    return val;
}
```

5.5.3 建筑模型场景巡游

我们以一栋建筑模型为例来演示场景巡游，其中场景控制部分使用了第一人称漫游，巡游效果如图 5-10 所示。

巡游过程中的碰撞检测效果如图 5-11 所示，图中摄像机与左边墙面屋檐发生了碰撞，墙面材质颜色变红，摄像机返回旧位置，保证用户可以从其他方向继续巡游。完整的网页文件和脚本文件如下：

图 5-10　第一人称场景巡游　　　　　　　图 5-11　碰撞检测效果

1．网页文件

```html
<!DOCTYPE html>
<html>
<head>
<title>北京皇家大饭店巡游展</title>
<style>
    body
    {background:#000;color:#fff;padding:0;margin:0;overflow:hidden;}
</style>
    <script src="libs/Three.js"></script>
    <script src="libs/jquery-1.6.4.js"></script>
    <script src="libs/jquery.mousewheel.js"></script>
    <script src="libs/RequestAnimationFrame.js"></script>
    <script src="libs/FirstPersonControls.js"></script>
    <script src="libs/MTLLoader.js"></script>
    <script src="libs/OBJMTLLoader.js"></script>
    <script src="sim/sim.js"></script>
    <script src="js/main.js"></script>
    <script>
    var renderer = null;
    var scene = null;
    var camera = null;
    var mesh = null;
    $(document).ready(
        function() {
            var container = document.getElementById("container");
            var app = new App();
            app.init({ container: container },
            {obj:'model/01.obj',mtl:'model/01.mtl'}
            );
            app.run();
        }
    );
    </script>
</head>
<body>
<div id="container" style="z-index:0;width:100%; height:100%;
overflow:hidden; position:absolute; background-color:#000000"></div>
```

```
</body>
</html>
```

2．脚本文件

```
App = function(){      Sim.App.call(this);}
App.prototype = new Sim.App();
App.prototype.init = function (param1, param2) {
    Sim.App.prototype.init.call(this, param1);
    this.scene.add(new THREE.AmbientLight(0xefefef));
    this.Boxs = [];
    this.clock = new THREE.Clock();
    var obj = new Obj();
    obj.init(param2);
    this.addObject(obj);
    this.camera.position.set(0, 100, 1400);
    this.camera.lookAt({ x: 0, y: 0, z: 0 });
    this.controls = new THREE.FirstPersonControls(this.camera);
    this.controls.movementSpeed = 200;
    this.controls.lookSpeed = 0.1;
    this.controls.noFly = false;
    this.controls.lookVertical = true;
    this.controls.lon = -90;
    this.focus();
}

App.prototype.update = function () {
    var oldpos = new THREE.Vector3();
    oldpos = this.camera.position.clone();
    for (var i = 0; i < this.Boxs.length; i++)
        this.Boxs[i].material.emissive.setHex(0x000000);
    var delta = this.clock.getDelta();
    this.controls.update(delta);
    if (this.testcollision()) {                    // 碰撞检测
        this.camera.position = oldpos.clone();
    }
    Sim.App.prototype.update.call(this);
}

App.prototype.testcollision = function(){
    var val = false;
    var pos = new THREE.Vector3();
    pos = this.camera.position.clone();

    for (var i=0;i<this.Boxs.length;i++){
        var box = this.Boxs[i];
        var boudingbox = new THREE.Box3();
        boudingbox.setFromObject(box);
        if (boudingbox.empty()) return;
        var min = boudingbox.min;
```

```
        var max = boudingbox.max;
        var len_x = (max.x - min.x)/2
        var len_y = (max.y - min.y)/2
        var len_z = (max.z - min.z)/2
        var p = new THREE.Vector3();
        p.x = (max.x + min.x) / 2;
        p.y = (max.y + min.y) / 2;
        p.z = (max.z + min.z) / 2;
        var px = Math.abs(pos.x - p.x) - 0.1;
        var py = Math.abs(pos.y - p.y) - 0.1;
        var pz = Math.abs(pos.z - p.z) - 0.1;
        if (px<=len_x && py<=len_y && pz<=len_z) {
            val = true ;
            box.material.emissive.setHex( 0xff0000 );
        }
    }
    return val;
}

Obj = function(){Sim.Object.call(this);}
Obj.prototype = new Sim.Object();
Obj.prototype.init = function (param) {
    var ObjGroup = new THREE.Object3D();
    this.setObject3D(ObjGroup);
    var loader = new THREE.OBJMTLLoader();
    var that = this;
    loader.load(param.obj, param.mtl, function (object) {
        object.traverse(function (obj) { that.createmodel(obj); });
    });
}

Obj.prototype.createmodel = function (object) {
    var appbox = this.getApp().Boxs;
    if (object instanceof THREE.Mesh) {
        if (object.material) {
            var m = object.clone();
            this.object3D.add(m);
            appbox.push(m);
            // 是否显示包围盒
            //var bh = new THREE.BoxHelper(object);
            //this.object3D.add(bh);
        }
    }
}

Obj.prototype.update = function(){
  Sim.Object.prototype.update.call(this);
}
```

5.6 赛车游戏

WebGL 有很强的图形和动画处理能力,因此适合用于开发一些轻量级的 Web 端的 3D 游戏,对于游戏开发来说,更重要的是场景、音效、剧情、关卡、情感等内容的设计,技术往往并不那么重要。

本书介绍一个简单的赛车游戏原型,它只实现了基本的赛车功能,包括跑道、加减速引擎和滑出跑道后的翻车效果,如图 5-12 所示。

图 5-12 赛车游戏

5.6.1 场景设计

作为一个示例性的网页游戏,在界面上尽可能地简化了,包括 1 个指南针、1 个操作提示框、1 个实时赛程提示框、赛车、跑道、树木,以及天空盒。其中跑道被设计为一个圆环,跑完一圈即认为游戏结束,如果赛车越出跑道则引发翻车事故,游戏中止。

网页文件代码如下:

```
<html>
<head>
<title>赛车游戏</title>
<style>
*{background:#000;color:#fff;padding:0px;margin:0px;text-align:center;}
</style>
<script src="libs/Three.js"></script>
<script src="libs/jquery-1.6.4.js"></script>
<script src="libs/jquery.mousewheel.js"></script>
<script src="libs/RequestAnimationFrame.js"></script>
<script src="libs/Tween.js"></script>
<script src="sim/sim.js"></script>
<script src="sim/animation.js"></script>
<script src="libs/MTLLoader.js"></script>
<script src="libs/OBJMTLLoader.js"></script>
<script src="js_app/app_511/app.js"></script>
<script src="js_app/app_511/app_znz.js"></script>
```

```
<script>
var renderer = null;
var scene = null;
var camera = null;
var mesh = null;
var application = null;
var zhinanzhen = null;
$(document).ready(
    function() {
        var container = document.getElementById("container");
        var app = new App();
        application = app;
        app.init({ container: container });
        app.run();

        var znz = document.getElementById("zhinanzhen");
        var app_znz = new App_znz();
        zhinanzhen = app_znz;
        app_znz.init({ container: znz });
        app_znz.run();
    }
);
</script>
</head>
<body>
<div id="container" style="width:100%; height:100%; overflow:hidden;
position:absolute; background-color:#000000"></div>
<div style="position: absolute;top:100px;left:50%;">
    <div class="info" id="info"></div>
</div>
<div style="position: absolute;top:75px;left:100%;">
    <div id="zhinanzhen"></div>
    <div id="tip">
        前进：↑ <br />
        后退：↓ <br />
        左转：← <br />
        右转：→ <br />
        刹车：空格 <br />
    </div>
</div>
</div>
</body>
</html>
```

请注意代码中的粗体部分，此处实例化了两个 Application 类，一个用于游戏场景，一个用于显示指南针，这种方法我们以前没有用过，类似的应用场景还包括缩略图、位置指示图等。

5.6.2 主脚本文件

```
// 摄像机与赛车的偏移量
var cameraoffset = new THREE.Vector3(0, 0.5, 1.2);
```

```javascript
// 摄像机视点与赛车的偏移量
var cameraLook = new THREE.Vector3(0,0.2,0);

App = function(){Sim.App.call(this);}
App.prototype = new Sim.App();
App.prototype.init = function (param) {
    Sim.App.prototype.init.call(this, param);
    this.focus();
    this.createPlane();
    // 创建跑道
    var road = new Road();
    road.init();
    this.addObject(road);
    // 添加跑道旁的树木
    for (var i = 0; i < Math.PI * 2; i += Math.PI / 6) {
        var tree2 = new Tree();
        tree2.init();
        tree2.setPosition(110 * Math.sin(i), 0, 110 * Math.cos(i));
        this.addObject(tree2);
        var tree = new Tree();
        tree.init();
        tree.setPosition(100 * Math.sin(i), 0, 100 * Math.cos(i));
        this.addObject(tree);
    }
    // 添加赛车
    var jeep = new Jeep();
    jeep.init();
    this.jeep = jeep;
    this.addObject(jeep);
    // 添加灯光
    var directionalLight = new THREE.DirectionalLight(0xeeeeee);
    directionalLight.position.set(-2, 1, 0);
    this.scene.add(directionalLight);
    var light2 = new THREE.AmbientLight(0x666666);
    this.scene.add(light2);
    // 绑定摄像机为赛车的子类
    var pos = cameraoffset.clone();
    this.camera.position.copy(pos);
    this.camera.lookAt(this.jeep.object3D.position.add(cameraLook));
    this.jeep.object3D.add(this.camera);
    this.jeep.setPosition(108, 0, 0);
}

App.prototype.createPlane = function () {
    var geometry = new THREE.SphereGeometry(1000, 30, 30);
    var material = new THREE.MeshLambertMaterial({ map: THREE.
ImageUtils.loadTexture("images/box.jpg") });
    var mesh = new THREE.Mesh(geometry, material);
    mesh.scale.x = -1;
```

```
        this.sky = mesh;
        this.scene.add(mesh);
    }

    App.prototype.update = function () {
        if (this.jeep.jiasu) this.jeep.Jiasu();
        if (this.jeep.jiansu) this.jeep.Jiansu();
        if (this.jeep.shache) this.jeep.Shache();
        if (this.jeep.turnleft) this.jeep.Turnleft();
        if (this.jeep.turnright) this.jeep.Turnright();
        if (!this.jeep.jiasu && !this.jeep.jiansu) this.jeep.Xingshi();
        this.sky.rotation.y += 0.001;
        Sim.App.prototype.update.call(this);
    }

    App.prototype.handleKeyDown = function (keyCode, charCode) {
        this.jeep.started = true;
        if (keyCode == Sim.KeyCodes.KEY_UP) this.jeep.jiasu = true;
        if (keyCode == Sim.KeyCodes.KEY_DOWN) this.jeep.jiansu = true;
        if (keyCode == Sim.KeyCodes.KEY_LEFT) this.jeep.turnleft = true;
        if (keyCode == Sim.KeyCodes.KEY_RIGHT) this.jeep.turnright = true;
        if (keyCode == 32) this.jeep.shache = true;
    }

    App.prototype.handleKeyUp = function (keyCode, charCode) {
        if (keyCode == Sim.KeyCodes.KEY_UP) this.jeep.jiasu = false;
        if (keyCode == Sim.KeyCodes.KEY_DOWN) this.jeep.jiansu = false;
        if (keyCode == Sim.KeyCodes.KEY_LEFT) this.jeep.turnleft = false;
        if (keyCode == Sim.KeyCodes.KEY_RIGHT) this.jeep.turnright = false;
        if (keyCode == 32) this.jeep.shache = false;
    }

    //--- 公路
    Road = function(){    Sim.Object.call(this);}
    Road.prototype = new Sim.Object();
    Road.prototype.init = function () {
        var ringsmap = "images/road3.png";
        // 自定义的跑道, 圆环
        var geometry = new Rings(100, 110, 256);
        var texture = THREE.ImageUtils.loadTexture(ringsmap);
        var material = new THREE.MeshLambertMaterial({ map: texture, side:
THREE.DoubleSide });
        var mesh = new THREE.Mesh(geometry, material);
        mesh.rotation.x = -Math.PI / 2;
        mesh.receiveShadow = true;
        this.setObject3D(mesh);
    }
    Road.prototype.update = function () {
        Sim.Object.prototype.update.call(this);
```

```
    }

    //--- 汽车
    Jeep = function(){    Sim.Object.call(this);}
    Jeep.prototype = new Sim.Object();
    Jeep.prototype.init = function () {
        var that = this;
        var ObjGroup = new THREE.Object3D();
        this.setObject3D(ObjGroup);
        this.xx = document.getElementById("info");
        this.jiasu = false;
        this.jiansu = false;
        this.shache = false;
        this.turnleft = false;
        this.turnright = false;
        this.running = true;
        this.started = false;
        this.speed = 0;
        this.clock = new THREE.Clock();
        var loader = new THREE.OBJMTLLoader();
        loader.load("models/obj/car.obj","models/obj/car.mtl",function(object){
            object.traverse(function (obj) {
                if (obj instanceof THREE.Mesh)
                    if (obj.material) {
                        var m = obj.clone();
                        if (m.id == 262) {   // 车牌号部分
                            var imageCanvas = document.createElement("canvas");
                            imageCanvas.width = 128;
                            imageCanvas.height = 32;
                            var context = imageCanvas.getContext("2d");
                            context.fillStyle = "#0000ff";
                            context.fillRect(0, 0, 128, 32);
                            context.font = "30px 黑体 ";
                            context.fillStyle = "#ffffff";
                            var txt = " 郑华 ";
                            context.fillText(txt, imageCanvas.width / 2 - 30,
imageCanvas.height - 2);
                            var textureCanvas = new THREE.Texture(imageCanvas,
THREE.UVMapping);
                            textureCanvas.needsUpdate = true;
                            var materialCanvas = new THREE.MeshBasicMaterial({
map: textureCanvas });
                            m.material = materialCanvas;
                        }
                        m.scale.x = m.scale.y = m.scale.z = 0.01;
                        that.object3D.add(m);
                    }
            });
        });
```

```
}

Jeep.prototype.Jiasu = function (){
    if (this.speed < Jeep.MaxSpeed)
        this.speed += 0.1;
}

Jeep.prototype.Jiansu = function (){
    if (this.speed > -Jeep.MaxSpeed)
        this.speed -= 0.1;
}

Jeep.prototype.Xingshi = function (){
    if (this.speed > 0)
        this.speed -= 0.02;
    else
        this.speed += 0.02;
}

Jeep.prototype.Turnleft = function (){
    this.object3D.rotation.y += 0.01;
}

Jeep.prototype.Turnright = function (){
    this.object3D.rotation.y -= 0.01;
}

Jeep.prototype.Shache = function () {
    var k;
    if (this.speed > 0)
        k = 1;
    else
        k = -1;
    this.speed = Math.abs(this.speed) - 0.4;
    if (this.speed < 0)
        this.speed = 0;
    else
        this.speed = k * this.speed;
}
//--- 翻车的关键帧动画
Jeep.prototype.crash = function (){
    this.animator = new Sim.KeyFrameAnimator;
    this.animator.init({
        interps:
                [
                    { keys: Jeep.positionKeys, values: Jeep.positionValues,
target: this.object3D.position },
                    { keys: Jeep.rotationKeys, values: Jeep.rotationValues,
target: this.object3D.rotation }
```

```
                        ],
                loop: false,
                duration: 2000
        });
        this.addChild(this.animator);
        this.animator.start();
    }


    Jeep.prototype.update = function (){
        if (this.running == true){
            var delta = this.clock.getDelta();
            var distance = delta * this.speed;
            this.object3D.position.z -= distance * Math.cos(this.object3D.rotation.y);
            this.object3D.position.x -= distance * Math.sin(this.object3D.rotation.y);
            this.xx.innerHTML = " 速度: " + Math.round((this.speed * 3)).toString();
        }
        var lens = Math.sqrt(this.object3D.position.z * this.object3D.position.z
+ this.object3D.position.x * this.object3D.position.x);
        if ((lens >= 110 || lens <= 100) && this.running == true) {
            this.running = false;
            this.object3D.remove(this.getApp().camera);
            var pos = cameraoffset.clone();
            pos.add(this.object3D.position);
            this.getApp().camera.position.copy(pos);
            this.getApp().camera.lookAt(this.object3D.position.add(cameraLook));
            this.crash();
            this.xx.className = "info2";
            this.xx.innerHTML = ' 游戏结束 <br /><br /> 最高速度 ' + Math.round ((this.
speed * 3)).toString();
        }
        Sim.Object.prototype.update.call(this);
    }

    Jeep.MaxSpeed = 120;
    Jeep.rotationKeys = [0, 1];
    Jeep.rotationValues = [ { x: 0 }, { x: -Math.PI*3}];
    Jeep.positionKeys = [0,0.5, 1];
    Jeep.positionValues = [ { y: 0 }, { y: 1}, { y: 0.3}];

    //--- 树
    Tree = function() {Sim.Object.call(this);}
    Tree.prototype = new Sim.Object();
    Tree.prototype.init = function (){
        var that = this;
        var ObjGroup = new THREE.Object3D();
        this.setObject3D(ObjGroup);
        var loader = new THREE.OBJMTLLoader();
        loader.load("models/obj/shu.obj","models/obj/shu.mtl",function(object){
            object.scale.x = object.scale.y = object.scale.z = 0.008;
```

```
                that.object3D.add(object);
        });
}


Tree.prototype.update = function (){
        Sim.Object.prototype.update.call(this);
}


// 自定义的公路形状，圆环
Rings = function (innerRadius, outerRadius, nSegments){
        THREE.Geometry.call(this);
        var outerRadius = outerRadius || 1,
        innerRadius = innerRadius || .5,
        gridY = nSegments || 10;
        var i, twopi = 2 * Math.PI;
        var iVer = Math.max(2, gridY);
        var origin = new THREE.Vector3(0, 0, 0);
        for (i = 0; i < (iVer + 1); i++) {
                var fRad1 = i / iVer;
                var fRad2 = (i + 1) / iVer;
                var fX1 = innerRadius * Math.cos(fRad1 * twopi);
                var fY1 = innerRadius * Math.sin(fRad1 * twopi);
                var fX2 = outerRadius * Math.cos(fRad1 * twopi);
                var fY2 = outerRadius * Math.sin(fRad1 * twopi);
                var fX4 = innerRadius * Math.cos(fRad2 * twopi);
                var fY4 = innerRadius * Math.sin(fRad2 * twopi);
                var fX3 = outerRadius * Math.cos(fRad2 * twopi);
                var fY3 = outerRadius * Math.sin(fRad2 * twopi);


                var v1 = new THREE.Vector3(fX1, fY1, 0);
                var v2 = new THREE.Vector3(fX2, fY2, 0);
                var v3 = new THREE.Vector3(fX3, fY3, 0);
                var v4 = new THREE.Vector3(fX4, fY4, 0);
                this.vertices.push(new THREE.Vertex(v1));
                this.vertices.push(new THREE.Vertex(v2));
                this.vertices.push(new THREE.Vertex(v3));
                this.vertices.push(new THREE.Vertex(v4));
        }
        for (i = 0; i < iVer; i++) {
                this.faces.push(new THREE.Face3(i * 4, i * 4 + 1, i * 4 + 2));
                this.faces.push(new THREE.Face3(i * 4, i * 4 + 2, i * 4 + 3));
                this.faceVertexUvs[0].push([
                                                new THREE.UV(0, 1),
                                                new THREE.UV(1, 1),
                                                new THREE.UV(1, 0)]);
                this.faceVertexUvs[0].push([
                                                new THREE.UV(0, 1),
                                                new THREE.UV(1, 0),
                                                new THREE.UV(0, 0)]);
```

```
        }
        this.computeCentroids();
        this.computeFaceNormals();
    };
    Rings.prototype = new THREE.Geometry();
    Rings.prototype.constructor = Rings;
```

5.6.3 指南针脚本文件

```
    App_znz = function(){ Sim.App.call(this);}
    App_znz.prototype = new Sim.App();
    App_znz.prototype.init = function (param) {
        Sim.App.prototype.init.call(this, param);
        this.scene.add(new THREE.AmbientLight(0xe0e0e0));
        this.camera.position.set(0, 0, 1.3);
        this.camera.lookAt(this.scene.position);
        var z_n_z = new Znz();
        z_n_z.init();
        this.addObject(z_n_z);
    }
    App_znz.prototype.update = function () {
        Sim.App.prototype.update.call(this);
    }

    // 指南针类
    Znz = function(){Sim.Object.call(this);}
    Znz.prototype = new Sim.Object();
    Znz.prototype.init = function () {
        this.xx = document.getElementById("info");
        this.started = false;
        var mesh = new THREE.Object3D();
        this.setObject3D(mesh);
        var texture1 = THREE.ImageUtils.loadTexture("images/zhinanzhen.png");
        var material = new THREE.MeshLambertMaterial({ map: texture1, transparent: true, opacity: 0.8 });
        var geo1 = new THREE.PlaneGeometry(1, 1);
        var z = new THREE.Mesh(geo1, material);
        this.object3D.add(z);
        var texture2 = THREE.ImageUtils.loadTexture("images/zhinanzhen2.png");
        var material2 = new THREE.MeshLambertMaterial({ map: texture2, transparent:
true, opacity: 0.8 });
        var geo2 = new THREE.PlaneGeometry(0.1, 0.9);
        var z2 = new THREE.Mesh(geo2, material2);
        z2.position.set(0, 0, 0.1);
        this.object3D.add(z2);
        this.zhinz = z2;
        this.completed = 0;
    }

    Znz.prototype.update = function () {
        var r = application.jeep.object3D.rotation.y;
```

```
        this.zhinz.rotation.set(0, 0, r);
        Sim.Object.prototype.update.call(this);
        this.completed = Math.round(this.zhinz.rotation.z / Math.PI / 2 * 100);
        if (this.started == false)
            this.clock = new THREE.Clock();
        if (application.jeep.started && this.started == false) {
            this.clock = new THREE.Clock();
            this.started = true;
        }
        if (application.jeep.running == true) {
            this.xx.innerHTML += "<br/>完成" + this.completed.toString() +"%";
             this.xx.innerHTML += "<br/>用时: " + this.clock.getElapsedTime().
toFixed(2).toString() + '秒';
        }
        if (this.completed >= 100 && application.jeep.running == true) {
            application.jeep.running = false;
            this.xx.className = "info2";
            this.xx.innerHTML = 'Finished.<br /><br />用时: ' +
                this.clock.getElapsedTime().toFixed(2).toString() + '秒';
        }
    }
```

5.7 基于模型的关键帧动画

　　模型动画是动画开发的另一个重要分支，即在已有静态模型的基础上，通过对模型进行拆解和分析，为某些模型子类定义特定的关键帧动画，从而实现良好的模型交互功能。大多数情况下，模型动画会用到旋转动画、位移动画、材质动画等技术，如果能辅以声音，动画效果会更加逼真。

　　以上一小节的赛车模型为例，我们为赛车定义开关门、车轮转动、打开尾灯、按下喇叭（声音）等动作，并为每个动作定义不同的热键，辅以合适的声音，最终的效果如图 5-13 所示。

图 5-13　模型动画

5.7.1 模型动画的关键技术问题

开发模型动画有两个关键的技术点，一是要定位到某个特定的模型子类（如车门、轮胎等），可以使用每个子类（Object3D 对象）的 id 属性或 name 属性来区分，但要注意：id 属性与场景有关，跟随场景中 3D 对象数量的变动而变动；name 属性则只与对象本身有关，取决于建模时是否赋予了对象的 name 属性；二是对于那些要定义动画的子类，需要修改它们的锚点，以保证它们是绕某个特定坐标进行旋转的，比如车轮是绕中心点旋转的，车门则是绕边轴旋转的。

尤其要注意的是，绝大多数模型本身在建模时并不是以原点 (0,0,0) 为中心点开展的，顶点的物理坐标可能距离原点很远，但锚点却始终是在原点，这样一来，当我们对模型执行旋转操作时，实际上是这个模型在绕着原点转，而不是模型本身在转。处理这个问题的一般方法是通过 geometry.applyMatrix 方法修改几何体的物理坐标，把几何体拉回原点，然后通过 Object3D.setPosition 方法修改锚点，把几何体推回原位，最终保证模型以正确的方式进行旋转。

声音问题可以使用 3dsound 类来解决，键盘事件问题可以使用 Sim.App 类的 handleKeyDown 事件类解决，动画问题可以使用 Sim.animation 类来解决，灯光问题可以使用动态材质来解决。

5.7.2 赛车模型动画

1．网页文件

```html
<html>
<head>
<title>模型子类动画</title>
<style type="text/css">
    body {
    background:#000;color:#ffffff;padding:0;margin:0;overflow:hidden;font-family:georgia;text-align:center;}
    #info{ position:absolute;filter:alpha(opacity=80);-moz-opacity:0.8;-khtml-opacity:0.8;opacity: 0.8; z-index:100; width:550px; margin-left:-250px; left:50%;top:20px;background-color:#333333; padding:5px; border:solid 1px #efefef; text-align:center }
</style>
    <script type="text/javascript" src="libs/Three.js"></script>
    <script type="text/javascript" src="libs/jquery-1.6.4.js"></script>
    <script type="text/javascript" src="libs/jquery.mousewheel.js"></script>
    <script type="text/javascript" src="libs/RequestAnimationFrame.js"></script>
    <script type="text/javascript" src="sim/sim.js"></script>
    <script type="text/javascript" src="sim/animation.js"></script>
    <script type="text/javascript" src="libs/FirstPersonControls.js"></script>
    <script type="text/javascript" src="libs/MTLLoader.js"></script>
    <script type="text/javascript" src="libs/OBJMTLLoader.js"></script>
    <script type="text/javascript" src="libs/3dsound.js"></script>
    <script type="text/javascript" src="js_app/511.js"></script>
    <script>
    var renderer = null;
    var scene = null;
    var camera = null;
```

```
        var mesh = null;
        $(document).ready(
            function () {
                var container = document.getElementById("container");
                var app = new App();
                app.init({ container: container },
                { obj: 'models/obj/car.obj', mtl: 'models/obj/car.mtl' }
                );
                app.run();
            }
        );
        </script>
    </head>
    <body>
    <div id="container" style="z-index:0;width:100%; height:100%;
overflow:hidden; position:absolute; background-color:#000000"></div>
    <div id="info">
    A: 左移; D: 右移; W: 前进; S: 后退; R: 升高; F: 降低; Q: 锁定 <br />
    H: 喇叭; O: 启动; L: 尾灯; <: 左门; >: 右门; +: 变颜色
    </div>
    </body>
    </html>
```

2. 脚本文件

```
App = function(){Sim.App.call(this);}
App.prototype = new Sim.App();
App.prototype.init = function (param1, param2) {
    Sim.App.prototype.init.call(this, param1);
    this.scene.add(new THREE.AmbientLight(0x505050));
    this.clock = new THREE.Clock();
    var obj = new Obj();
    obj.init(param2);
    this.addObject(obj);
    this.createPlane();
    this.createLensflare(0, 200, -800);
    this.createLensflare(0, 200, 800);
    this.createLensflare(-800, 200, 0);
    this.createLensflare(800, 200,0);
    this.camera.position.set(0, 30, 120);
    this.camera.lookAt({ x: 0, y: 0, z: 0 });
    this.controls = new THREE.FirstPersonControls(this.camera);
    this.controls.movementSpeed = 20;
    this.controls.lookSpeed = 0.05;
    this.controls.noFly = false;
    this.controls.lon = -90;
    this.focus();
    this.sound1 = new Sound('../mp3/engin.mp3', 5, 1);        // 启动引擎
    this.sound1.audio.loop = false;
    this.sound2 = new Sound('../mp3/dooropen.mp3', 5, 1);     // 开门声
```

```
        this.sound2.audio.loop = false;
        this.sound3 = new Sound('../mp3/doorclose.mp3', 5, 1);      // 关门声
        this.sound3.audio.loop = false;
        this.sound4 = new Sound('../mp3/horn.mp3', 5, 1);           // 喇叭声
        this.sound4.audio.loop = false;

        this.lamp = "close";
        this.doorleft = "close";
        this.doorright = "close";
        this.engin = "close";
}

App.prototype.createPlane = function () {
        // 天空盒
        var texture = THREE.ImageUtils.loadTexture('images/1.jpg');
        var object = new THREE.Mesh(
            new THREE.SphereGeometry(1000, 64, 64),
            new THREE.MeshBasicMaterial({ map: texture })
            );
        object.scale.x = -1;
        object.position.set(0, 0, 0);
        this.scene.add(object);
        // 地面
        var plane1 = new THREE.PlaneGeometry(2000, 2000);
        var texture1 = THREE.ImageUtils.loadTexture("images/woodfloor.png");
        texture1.wrapS = texture1.wrapT = THREE.RepeatWrapping;
        texture1.repeat.set(80,160);
        var material1 = new THREE.MeshPhongMaterial({ map: texture1,
            side: THREE.DoubleSide,
            transparent: true,
            opacity: 0.7,
            specular: 0xffffff,
            shininess: 500
            });
        var m = new THREE.Mesh(plane1, material1);
        m.position.y = 0;
        m.rotation.x = -Math.PI / 2;
        this.scene.add(m);
}

// 透镜光照
App.prototype.createLensflare = function (x, y, z) {
        var light = new THREE.PointLight(0xcccccc, 1.5, 2000);
        light.position.set(x, y, z);
        this.scene.add(light);

        var textureFlare0 = THREE.ImageUtils.loadTexture("images/ lensflare0.png");
        var textureFlare4 = THREE.ImageUtils.loadTexture("images/ lensflare4.png");
        var flareColor = new THREE.Color(0xccccff);
```

```
        var lensFlare = new THREE.LensFlare(textureFlare0, 600, 0, THREE.AdditiveBlending,
flareColor);
        lensFlare.add(textureFlare4, 60, 0.6, THREE.AdditiveBlending);
        lensFlare.add(textureFlare4, 80, 0.7, THREE.AdditiveBlending);
        lensFlare.add(textureFlare4, 120, 0.8, THREE.AdditiveBlending);
        lensFlare.add(textureFlare4, 80, 1.0, THREE.AdditiveBlending);

        lensFlare.position.set(x, y, z);
        this.scene.add(lensFlare);
        this.lensFlare = lensFlare;
    }


App.prototype.handleKeyDown = function (keyCode, charCode) {
    this.key = keyCode;
    this.chr = charCode;
    switch (keyCode) {
        case 72:        // 喇叭
            this.sound4.play();
            break;
        case 76:         // 尾灯
            if (this.lamp == "close") {
                for (var i = 0; i < lamps.length; i++)
                    lamps[i].object3D.material = lampmat_open;
                this.lamp = "open";
            }
            else {
                for (var i = 0; i < lamps.length; i++)
                    lamps[i].object3D.material = lampmat_close;
                this.lamp = "close";
            }
            break;
        case 188:       // 左门
            if (this.doorleft == "close") {
                this.sound2.play();
                for (var i = 0; i < l_doors.length; i++)
                    l_doors[i].dooropen.start();
                this.doorleft = "open";
            }
            else {
                this.sound3.play();
                for (var i = 0; i < l_doors.length; i++)
                    l_doors[i].doorclose.start();
                this.doorleft = "close";
            }
            break;
        case 190:        // 右门
            if (this.doorright == "close") {
                this.sound2.play();
                for (var i = 0; i < r_doors.length; i++)
```

```
                             r_doors[i].dooropen2.start();
                     this.doorright = "open";
                 }
                 else {
                     this.sound3.play();
                     for (var i = 0; i < r_doors.length; i++)
                             r_doors[i].doorclose2.start();
                     this.doorright = "close";
                 }
                 break;
             case 79:        // 引擎
                 if (this.engin == "close") {
                     this.sound1.play();
                     for (var i = 0; i < wheels.length; i++)
                             wheels[i].wheelanimator.start();
                     this.engin = "open";
                 }
                 else {
                     this.sound1.pause();
                     for (var i = 0; i < wheels.length; i++)
                             wheels[i].wheelanimator.stop();
                     this.engin = "close";
                 }
                 break;
             case 61:        // 改变车身颜色
                 {
                     var c = new THREE.Color(Math.random() * 0xffffff);
                     for (var i = 0; i < carcolors.length; i++)
                             carcolors[i].object3D.material.color = c;
                 }
         }
     }

App.prototype.update = function () {
     var delta = this.clock.getDelta();
     this.controls.update(delta);
     this.lensFlare.updateLensFlares();
     Sim.App.prototype.update.call(this);
}

/////////    模型类    /////////////
// 驾驶员
var driver = ["Driver"];

// 玻璃
var wind = ["WindF", "WindFR", "WindFL", "WindR"];

// 车轮
var wheel = ["TireRL", "TireRR", "TireFL", "TireFR"];
```

```
var wheels = [];

// 车门
var door = ["DoorR", "DoorL"];
var l_door = ["DoorL"];
var r_door = ["DoorR"];
var l_doors = [];
var r_doors = [];

// 车灯
var lamp = ["BLightLG", "BLightRG", "HLightLG", "HLightRG"];
var lamps = [];
var lampmat_close = new THREE.MeshBasicMaterial({
 map: THREE.ImageUtils.loadTexture("../images/lampclose.png") });
var lampmat_open = new THREE.MeshBasicMaterial({
 map: THREE.ImageUtils.loadTexture("../images/lampopen.png") });

// 车牌
var License = ["LicenseR", "LicenseF"];

// 车身颜色变换
var carcolor = ["Hood", "Base", "DoorR", "DoorL", "Roof", "Body",
"Skirt", "MirrorR", "MirrorL"];
var carcolors = [];

Obj = function(){Sim.Object.call(this);}
Obj.prototype = new Sim.Object();
Obj.prototype.init = function (param) {
    var ObjGroup = new THREE.Object3D();
    this.setObject3D(ObjGroup);
    var loader = new THREE.OBJMTLLoader();

    var that = this;
    loader.load(param.obj, param.mtl, function (object) {
        object.traverse(function (obj) { that.createmodel(obj); });
    });
}

Obj.prototype.createmodel = function (object) {
    if (object instanceof THREE.Mesh) {
        if (object.material) {
            var m = object.clone();
            m.material.side = THREE.DoubleSide; // 改为双面渲染

            // 加入场景
            var box = new Box();
            box.init(m);
            this.getApp().addObject(box);
```

```
// 车牌号部分
if ($.inArray(m.name, License) != -1) {
    var imageCanvas = document.createElement("canvas");
    imageCanvas.width = 128;
    imageCanvas.height = 32;
    var context = imageCanvas.getContext("2d");
    context.fillStyle = "#0000ff";
    context.fillRect(0, 0, 128, 32);
    context.font = "25px 黑体 ";
    context.fillStyle = "#ffffff";
    var txt = " 冀 A 88888";
    context.fillText(txt, imageCanvas.width / 2 - 55, imageCanvas.height - 6);

    var textureCanvas = new THREE.Texture(imageCanvas, THREE.UVMapping);
    textureCanvas.needsUpdate = true;
    var materialCanvas = new THREE.MeshPhongMaterial({ map: textureCanvas, specular: 0xffff00, shininess: 100, color: 0xffffff });
    m.material = materialCanvas;
}


// 玻璃部分
if ($.inArray(m.name, wind) != -1) {
    m.material = new THREE.MeshPhongMaterial({
        side: THREE.DoubleSide,
        transparent: true,
        opacity: 0.2,
        specular: 0xff0000,
        shininess: 50
    });
}


// 驾驶员部分
if ($.inArray(m.name, driver) != -1) {
    m.material = new THREE.MeshLambertMaterial({
        side: THREE.DoubleSide,
        color: 0xffff00
    });
}


// 内饰部分
if (m.name == "") {
    m.material = new THREE.MeshLambertMaterial({
        map: THREE.ImageUtils.loadTexture("../images/mental.jpg"),
        side: THREE.DoubleSide,
        color: 0xffffff
    });
}


// 车身颜色部分
```

```
if ($.inArray(m.name, carcolor) != -1) {
    m.material = new THREE.MeshPhongMaterial({
        map: THREE.ImageUtils.loadTexture("../images/mental.jpg"),
        side: THREE.DoubleSide,
        color: 0x00ff00,
        specular: 0xffffff,
        shininess: 100
    });
    carcolors.push(box);
}

// 尾灯部分
if ($.inArray(m.name, lamp) != -1) {
    lamps.push(box);
    box.object3D.material = lampmat_close;
}

// 车轮部分 (修改矩阵，保证动画正常运行)
if ($.inArray(m.name, wheel) != -1) {
    // 计算中心坐标
    var bb = new THREE.Box3();
    bb.setFromObject(m);
    if (!bb.empty()) {
        var min = bb.min;
        var max = bb.max;
    }
    var p = new THREE.Vector3();
    p.x = (max.x + min.x) / 2;
    p.y = (max.y + min.y) / 2;
    p.z = (max.z + min.z) / 2;
    // 修改物理坐标
    m.geometry.applyMatrix(new THREE.Matrix4().makeTranslation(-p.x, -p.y, -p.z));

    // 修改位置
    m.position.copy(p);
}
// 车轮动画
if ($.inArray(m.name, wheel) != -1) {
    wheels.push(box);
}

// 车门部分 (修改矩阵，保证动画正常运行)
if ($.inArray(m.name, door) != -1) {
    // 计算中心坐标
    var bb = new THREE.Box3();
    bb.setFromObject(m);
    if (!bb.empty()) {
        var min = bb.min;
        var max = bb.max;
```

```
            }
            var p = new THREE.Vector3();
            p.x = (max.x + min.x) / 2;
            p.y = (max.y + min.y) / 2;
            p.z = (max.z + min.z) / 2;
            var doorlen = (max.z - min.z) / 2;      //门长的一半

            //修改物理坐标
            m.geometry.applyMatrix(new THREE.Matrix4().makeTranslation(-
p.x, -p.y, -(p.z - doorlen)));
            //修改位置
            m.position.set(p.x, p.y, p.z - doorlen);
        }
        //车门动画
        if ($.inArray(m.name, l_door) != -1) l_doors.push(box);
        if ($.inArray(m.name, r_door) != -1) r_doors.push(box);
      }
    }
  }


Obj.prototype.update = function () {
    Sim.Object.prototype.update.call(this);
}


///////////////   模型子类
Box = function () { Sim.Object.call(this); }
Box.prototype = new Sim.Object();

Box.prototype.init = function (mesh) {
    this.name = mesh.name;
    this.id = mesh.id;
    this.setObject3D(mesh);
    this.overCursor = 'pointer';

    //车轮动画
    this.wheelanimator = new Sim.KeyFrameAnimator;
    this.wheelanimator.init({
        interps:[{keys: Box.rotationKeys, values: Box.rotationValues,
target: this.object3D.rotation }],
        loop: true,
        duration: 5000
    });
    this.addChild(this.wheelanimator);

    //左开门动画
    this.dooropen = new Sim.KeyFrameAnimator;
    this.dooropen.init({
        interps: [{ keys: Box.dooropenKeys, values: Box.dooropenValues,
target: this.object3D.rotation }],
```

```
                loop: false,
                duration: 1000
        });
        this.addChild(this.dooropen);

        // 左关门动画
        this.doorclose = new Sim.KeyFrameAnimator;
        this.doorclose.init({
            interps: [{ keys: Box.doorcloseKeys, values: Box.doorcloseValues,
target: this.object3D.rotation }],
            loop: false,
            duration: 1000
        });
        this.addChild(this.doorclose);

        // 右开门动画
        this.dooropen2 = new Sim.KeyFrameAnimator;
        this.dooropen2.init({
            interps: [{ keys: Box.dooropenKeys2, values: Box.dooropenValues2, target:
this.object3D.rotation }],
            loop: false,
            duration: 1000
        });
        this.addChild(this.dooropen2);

        // 右关门动画
        this.doorclose2 = new Sim.KeyFrameAnimator;
        this.doorclose2.init({
            interps: [{ keys: Box.doorcloseKeys2, values: Box.doorcloseValues2,
target: this.object3D.rotation }],
            loop: false,
            duration: 1000
        });
        this.addChild(this.doorclose2);
    }

    Box.prototype.update = function () {
        Sim.Object.prototype.update.call(this);
        this.object3D.material.needsUpdate = true;
    }

    Box.prototype.handleMouseUp = function () {
        alert('子类名称: ' + this.name + "[id:" + this.id + "]");
    }

    // 车轮
    Box.rotationKeys = [0, 1];
    Box.rotationValues = [{ x: 0, y: 0, z: 0 },{ x: -2 * Math.PI, y: 0, z: 0 }];
```

```
// 左门
Box.dooropenKeys = [0, 1];
Box.dooropenValues = [{ x: 0, y: 0, z: 0 },{ x: 0, y: -Math.PI/2, z: 0 }];
Box.doorcloseKeys = [0, 1];
Box.doorcloseValues = [{ x: 0, y: -Math.PI/2, z: 0 },{ x: 0, y: 0, z: 0 }];

// 右门
Box.dooropenKeys2 = [0, 1];
Box.dooropenValues2 = [{ x: 0, y: 0, z: 0 },{ x: 0, y: Math.PI / 2, z: 0 }];
Box.doorcloseKeys2 = [0, 1];
Box.doorcloseValues2 = [{ x: 0, y: Math.PI / 2, z: 0 },{ x: 0, y: 0, z: 0 }];
```

请注意代码中的粗体部分，它们分别处理了车轮和车门的世界坐标和锚点问题，先使用 THREE.Box3.setFromObject 方法获取模型子类的外包围盒，求得子类的实际物理坐标，然后利用该坐标完成子类的位置修改（世界坐标和锚点）工作。其中，车轮和车门的处理方法又略有不同，因为车轮是绕中心点旋转的，而车门是绕边轴旋转的。

5.8　JavaScript 加密技术

在本章的最后，我们介绍一些 JavaScript 的加密技术，毕竟我们并不想让自己辛苦的劳动成果被别人轻松复制，做一些基本的处理还是必要的。

需要注意的是，所有的 JavaScript 加密技术从本质上讲，都属于代码隐藏，不能算作真正的加密，因为在浏览器执行代码以前，所有的密文必须要被解密为明文，而解密的过程是发生在本地的，也就是说用户总是有办法得到明文的，我们的工作只是让用户不能够很轻松、很愉快地获得明文，仅此而已。

一种最简单的 JavaScript 加密办法是使用 escape 函数，比如：

```
alert('ok');
```

经过 escape 函数解析后的代码变成了：

```
alert%28%22ok%22%29%3B
```

这样至少看起来不那么明显了，然而解密这段代码也是非常简单的，使用 unescape 函数即可得到原文。

完全可以自己编写加密程序，同时巧妙地将密钥隐藏在一个难以察觉的地方，这样加密的效果是最好的，然而编写加密程序并不是一件非常轻松的事情，如果从来没有写过这类程序，恐怕会面临一些困难。因此，本书介绍一种更常用的加密方法—Base64 加密。完整的类文件如下：

```
function Base64() {
// private property
_keyStr="ABCDEFGHIJKLMNOPQRSTUVWXYZabcdefghijklmnopqrstuvwx
yz0123456789+/=";

    // public method for encoding
    this.encode = function (input) {
        var output = "";
        var chr1, chr2, chr3, enc1, enc2, enc3, enc4;
```

```
        var i = 0;
        input = _utf8_encode(input);
        while (i < input.length) {
            chr1 = input.charCodeAt(i++);
            chr2 = input.charCodeAt(i++);
            chr3 = input.charCodeAt(i++);
            enc1 = chr1 >> 2;
            enc2 = ((chr1 & 3) << 4) | (chr2 >> 4);
            enc3 = ((chr2 & 15) << 2) | (chr3 >> 6);
            enc4 = chr3 & 63;
            if (isNaN(chr2)) {
                enc3 = enc4 = 64;
            } else if (isNaN(chr3)) {
                enc4 = 64;
            }
            output = output +
            _keyStr.charAt(enc1) + _keyStr.charAt(enc2) +
            _keyStr.charAt(enc3) + _keyStr.charAt(enc4);
        }
        return output;
    }

    // public method for decoding
    this.decode = function (input) {
        var output = "";
        var chr1, chr2, chr3;
        var enc1, enc2, enc3, enc4;
        var i = 0;
        input = input.replace(/[^A-Za-z0-9\+\/\=]/g, "");
        while (i < input.length) {
            enc1 = _keyStr.indexOf(input.charAt(i++));
            enc2 = _keyStr.indexOf(input.charAt(i++));
            enc3 = _keyStr.indexOf(input.charAt(i++));
            enc4 = _keyStr.indexOf(input.charAt(i++));
            chr1 = (enc1 << 2) | (enc2 >> 4);
            chr2 = ((enc2 & 15) << 4) | (enc3 >> 2);
            chr3 = ((enc3 & 3) << 6) | enc4;
            output = output + String.fromCharCode(chr1);
            if (enc3 != 64) {
                output = output + String.fromCharCode(chr2);
            }
            if (enc4 != 64) {
                output = output + String.fromCharCode(chr3);
            }
        }
        output = _utf8_decode(output);
        return output;
    }
```

```javascript
        // private method for UTF-8 encoding
    _utf8_encode = function (string) {
        string = string.replace(/\r\n/g,"\n");
        var utftext = "";
        for (var n = 0; n < string.length; n++) {
            var c = string.charCodeAt(n);
            if (c < 128) {
                utftext += String.fromCharCode(c);
            } else if((c > 127) && (c < 2048)) {
                utftext += String.fromCharCode((c >> 6) | 192);
                utftext += String.fromCharCode((c & 63) | 128);
            } else {
                utftext += String.fromCharCode((c >> 12) | 224);
                utftext += String.fromCharCode(((c >> 6) & 63) | 128);
                utftext += String.fromCharCode((c & 63) | 128);
            }
        }
        return utftext;
    }

        // private method for UTF-8 decoding
    _utf8_decode = function (utftext) {
        var string = "";
        var i = 0;
        var c = c1 = c2 = 0;
        while ( i < utftext.length ) {
            c = utftext.charCodeAt(i);
            if (c < 128) {
                string += String.fromCharCode(c);
                i++;
            } else if((c > 191) && (c < 224)) {
                c2 = utftext.charCodeAt(i+1);
                string += String.fromCharCode(((c & 31) << 6) | (c2 & 63));
                i += 2;
            } else {
                c2 = utftext.charCodeAt(i+1);
                c3 = utftext.charCodeAt(i+2);
                string += String.fromCharCode(((c & 15) << 12) | ((c2 & 63) << 6) | (c3 & 63));
                i += 3;
            }
        }
        return string;
    }
}
```

加密方法:
```javascript
var b = new Base64();
var code = "您的 javascript 明文";
b.encode(code);
```

加密方法：

```
var b = new Base64();
var code = "您的 javascript 密文 ";
b.decode(code);
```

在实践中，可以先将所有的 Javascript 代码加密，并将密文放置在某个脚本文件中，然后在另一个不同的脚本文件中解密这段密文，并利用 eval 函数来执行它，比如：

```
eval(b.decode(code));
```

其中，code 为事先加密好的 JavaScript 密文。

课后练习

1. 以 obj 格式的模型导入与分析为例，尝试对 dae、json、ctm、ply、stl、utf8、vrml、vtk 等格式的模型进行分析处理。

2. 以身边的真实场景为基础，利用手机的全景拍摄功能创建三维全景图。

3. 以本章 5.6 节的赛车游戏为原型，改进程序功能，完善城市、街道、沙漠等赛车环境的构建，优化碰撞检测算法，增加加速、刹车、喇叭等音频处理程序，增强用户体验，使得游戏场景更加完备、生动。

第 6 章

基于 WebGL 的 MIS 系统开发

至此，我们已经学习完了所有关于引擎、框架、交互、动画、模型处理、编程技巧等方面的知识，并且列举了很多实例，它们可以运用在各类场合中，比如游戏开发、应用程序开发等。或许游戏开发这个话题更具有吸引力，更能激发你深入学习的兴趣，但本书不打算深入研究，因为游戏与工程实践的关系不大。本书将深入讨论如何将 WebGL 有效地运用于 MIS 系统开发的问题。

本书前 5 章的有些案例，距离真实的 MIS 项目已经不远了，只是还不完整，比如都没有涉及数据库设计、Web 服务器端的编程、模型与数据库的关联查询问题等，只是单纯的 WebGL 程序。对于一个完整的 MIS 系统来说，两者的有效结合也很重要，这正是本章的写作目的。

基于关系数据库的传统 MIS 系统本身已经很成熟，WebGL 能带来什么福音呢？最大的意义仍然是界面问题和数据可视化，而界面本身可能是具有革命意义的，比如从文本界面（DOS）到图形用户界面（Windows）的过渡，WebGL 则极有可能引领一场从图形界面到 3D 界面的过渡，尤其是在 B/S 结构的 MIS 系统开发领域，这是本章的写作重点。

本章将介绍两个将 WebGL 与 MIS 系统开发相结合的案例。案例一（6.1 节）结合当下流行的 BIM 技术，针对 Revit 建模软件，通过分别将建筑模型导出成 Obj 格式，将建筑物信息导出到 SQL Server，利用 IIS 和 ASP.NET，开发了一个基于 WebGL 的 BIM 管理信息系统，允许用户通过单击、拖动、缩放等操作对模型进行分类浏览、查询和统计；案例二（6.2 节和 6.3 节）从更高的层面上介绍了一些 BIM 服务器的中间件技术，这些中间件对模型导入、模型分析、碰撞检测、鼠标事件处理等功能进行了封装，通过接口函数直接调用，用户不用再考虑模型处理的问题，只需专注于信息化系统本身即可，提高了编程效率。

6.1 BIM 管理信息系统

BIM（Building Information Model，建筑信息模型）是近几年在建筑行业开始兴起的一项最新的信息化技术，是一种应用于工程设计建造管理的数据化工具，通过参数模型整合各种项目的相关信息，在项目策划、运行和维护的全生命周期过程中进行共享和传递，使工程技术人员对各种建筑信息做出正确理解和高效应对，为设计团队以及包括建筑运营单位在内的各方建设主体提供协同工作的基础，在提高生产效率、节约成本和缩短工期方面发挥重要作用。国际上，IAI 发布了 BIM 数据标准 IFC，为 BIM 数据交换提供了开发的标准和格式；buildingSMART 发布了 IDM 标准用于描述和规范 BIM 交换过程。国内，"十一五"和"十二五"期间，多个国家科技支撑项目对 BIM 的理论、方法、工具和标准进行了研究，如清华大学研发的 4D-GCPSU 系列、张建平等研发的面向建筑生命期集成的 BIMDISP 系统等。

其中，设计阶段 BIM 的相关技术和软件最为成熟，如美国 Autodesk 的 Revit 系列，美国 Bentley 公司的 MicroStation 系列等。本节介绍一个将 WebGL 应用于 Revit 模型的 BIM 管理信息系统。

通过在 Revit 中将建筑模型和数据库分别导出，实现基于 B/S 结构的 BIM 管理系统，其中，模型展示与分析部分利用 WebGL 实现，网页开发部分利用 ASP 实现，系统主界面如图 6-1 所示，系统的主要功能包括：

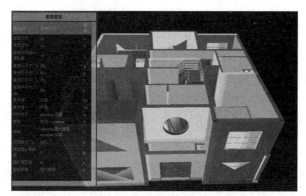

图 6-1　基于 Revit 模型的 B/S 管理信息系统

（1）建筑模型的三维展示；

（2）建筑模型的拖动、旋转、缩放和分类选取；

（3）基于模型和子类的信息统计，如墙、门、窗、楼梯等；

（4）异步的信息提示，当鼠标移至模型子类时点亮，并提示该子类的相关信息；

（5）详细的信息查询，当鼠标单击模型子类时，显示该子类的详细信息，如图 6-2 所示。

ID	类型ID	创建的阶段	拆除的阶段	设计选项	部件名称	注释	主体ID	标高	顶高度	底高度	标记	耐火等级
316099	287941	0					276436	272189	2.14	-6		13

[类型]：单扇平开窗2-带贴面

ID	注释记号	类型标高	制造商	类型注释	URL	说明	可见光透过率	日光得热系数	热阻R	传热系数	OmniClass号	部件代码	族名称	类型标高	类型标记	粗略宽度	粗略高度	宽度	高度	构造类型	成本
287941							0	.80		1798011598030227	1.5617			单扇开窗2-带贴面	c2	C1625	1.94	1.94	1.94	1.94		

所有同类部件

ID	类型ID	创建的阶段	拆除的阶段	设计选项	部件名称	注释	主体ID	标高	顶高度	底高度	标记	耐火等级
282111	287941	0					276676	311	2.14	-6		2
301215	287941	0					276436	311	2.4000000000000	.5000000000000		8
310063	287941	0					276755	272189	2.14	-6		9
316488	287941	0					276676	272189	2.14	-6		6
316099	287941	0					276436	272189	2.14	-6		13

图 6-2　子类详细信息

项目实施过程中解决的关键问题包括：

（1）模型转换。Revit 模型的源文件是 .rvt 格式的，标准的 BIM 模型是 IFC 格式的，然而 Three.js 对这两种格式都不支持，或许以后会支持 IFC 格式，但现在必须进行格式转换。本项目中我们将 Revit 模型转成了 Obj 格式，也可以转成其他 Three.js 支持的格式，之后的处理方法是大同小异的。

（2）模型处理。在 Revit 模型中，每个部件携带一个唯一的 ID 号，实验中发现，在将数据导出到数据库时，这个 ID 会被保留，但在模型转换过程中，这个 ID 会出现丢失、变形等情况，这是一个必须解决的问题，因为一旦丢失了模型和数据库之间的关联关系，BIM 管理系统就失去了根基，就无法根据模型本身进行数据查询了。经过多次实验，发现通过先将 rvt 模型转成 FBX 格式，然后利用 3ds Max 将 FBX 格式转成 obj 格式，可以保留这个 ID 号，但仍然有一些变形，需要进行一定处理。

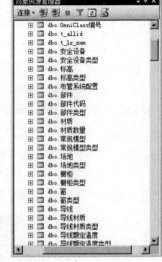

（3）异步提示。用户浏览模型时，根据鼠标选中子类的不同，异步读取数据库，并提示用户当前部件的相关信息。异步提示可直接使用 AJAX 实现。

（4）关系数据库相关技术。Revit 会将所有的建筑数据按类型不同分别存储在 200 张数据表中，如图 6-3 所示。当用户单击某个模型子类时，传入的是子类 ID，后台的页面程序并不知道该 ID 对应于哪一张数据表，需要利用视图、存储过程等手段遍历数据库，找到对应的表，并返回用户关于该部件以及对应族的相关信息。

图 6-3　Revit 数据表

下面分步骤说明具体的实现过程。

6.1.1　模型导入与场景初始化

模型导入部分主要解决格式转换、模型拆解、子类实例化和模型重组的问题，对子类进行实例化的目的是需要为每一个子类定义鼠标事件处理程序，比如鼠标经过、鼠标单击等；同时要从模型中提取子类的 ID 属性，保证在子类和数据库之间能够建立关联关系；最后，信息化类的程序适合使用 THREE.TrackballControls 场景控制方法，它对于拖动、缩放类的操作更加方便，主要代码如下：

```
var bim = {obj:'obj/house.obj', mtl:'obj/house.mtl'};
var controls;
var mouse_move = false;
App = function(){
    Sim.App.call(this);
}
App.prototype = new Sim.App();

App.prototype.init = function(param){
    Sim.App.prototype.init.call(this, param);
    this.scene.add( new THREE.AmbientLight( 0x333333 ) );
    var light = new THREE.DirectionalLight(0xa0a0a0, 1.0, 0);
    light.position.set(-1,1,0);
    this.scene.add( light );
    var obj = new Obj();
    obj.init();
    this.addObject(obj);
    this.camera.position.set(20,200,500);
    this.camera.lookAt({x:0,y:20,z:0});
    controls = new THREE.TrackballControls( this.camera );
```

```
    controls.rotateSpeed = 1.0;
    controls.zoomSpeed = 1.2;
    controls.panSpeed = 0.8;
    controls.noZoom = false;
    controls.noPan = false;
    controls.staticMoving = true;
    controls.dynamicDampingFactor = 0.3;
    controls.keys = [ 65, 83, 68 ];
    this.focus();
}

App.prototype.update = function(){
    controls.update();
    Sim.App.prototype.update.call(this);
}
Obj = function(){
    Sim.Object.call(this);
}
Obj.prototype = new Sim.Object();

Obj.prototype.init = function () {
    var ObjGroup = new THREE.Object3D();
    this.setObject3D(ObjGroup);
    var loader = new THREE.OBJMTLLoader();
    var that = this;
    loader.load(bim.obj, bim.mtl, function (object) {
        object.traverse(function (obj) { that.createmodel(obj); });
    });
}

Obj.prototype.createmodel = function (box) {
    var app = this.getApp();
    if (box instanceof THREE.Mesh) {
        var m = box.clone();
        var mesh = new Box();
        mesh.init(m);
        var str = box.name;
        str = str.match(/_\d+\d+\d+_/);
        str = str.toString().match(/\d+/);
        mesh.name = str;
        app.addObject(mesh);
    }
}

Obj.prototype.update = function(){
    Sim.Object.prototype.update.call(this);
}
```

请注意代码中的粗体部分，它解决了两个很关键的问题：一是为每一个子类进行了实例化，这保证了子类鼠标事件处理程序的正常运行；二是通过两个正则表达式从模型中取出了子类的 ID 属性，这保证了子类可以和数据库建立关联。

6.1.2　子类定义

为模型的每一个子类进行实例化，可以简化鼠标事件处理程序。几个关键的事件是鼠标进入、鼠标移出、鼠标按下和鼠标释放，它们可分别用于选中、异步提示、执行 AJAX 程序、信息统计等关键动作。主要代码如下：

```
Box = function () { Sim.Object.call(this); }
Box.prototype = new Sim.Object();
Box.prototype.init = function (box) {
    this.setObject3D(box);
    this.name = "";
    this.overCursor ='pointer';
}

Box.prototype.update = function () {
    Sim.Object.prototype.update.call(this);
}

Box.prototype.handleMouseOver = function (x, y) {
    // 闪烁子类
this.object3D.material.emissive.setHex(0xff0000);
    // 异步信息提示界面
    var wrap2 = document.getElementById("wrap2");
    wrap2.style.display = "";
    wrap2.style.left = x + "px";
    wrap2.style.top = y + "px";
    var tip_title = document.getElementById("tip_title");
    tip_title.innerHTML = this.name;
    //Ajax 获取模型参数
    this.getpara(this.name);
}

Box.prototype.handleMouseOut = function (x, y) {
    this.object3D.material.emissive.setHex(0x000000);
    var tip = document.getElementById("tip");
    tip.innerHTML = "";
    var wrap2 = document.getElementById("wrap2");
    wrap2.style.display = "none";
}

Box.prototype.handleMouseDown = function (x, y, hitPoint, normal) {
    mouse_move = false;
    var wrap2 = document.getElementById("wrap2");
    wrap2.style.display = "none";
}

Box.prototype.handleMouseMove = function (x, y) {
```

```
        mouse_move = true;
    }

    Box.prototype.handleMouseUp = function (x, y, position) {
        if (mouse_move == false) {
            var wrap2 = document.getElementById("wrap2");
            wrap2.style.display = "";
            // 打开信息统计界面
            window.open('showdetail.asp?id=' + this.name);
        }
    }


    //Ajax 获取模型子类参数
    Box.prototype.getpara = function (name) {
        var xmlhttp;
        if (window.XMLHttpRequest) { xmlhttp = new XMLHttpRequest(); }
        else { xmlhttp = new ActiveXObject("Microsoft.XMLHTTP") };
        xmlhttp.open("GET", "ajax.asp?id=" + escape(name) + "&k=" + Math.random(),
true);
        xmlhttp.send();
        xmlhttp.onreadystatechange = function () {
            if (xmlhttp.readyState == 4 && xmlhttp.status == 200) {
                var txt = xmlhttp.responseText;
                txt = unescape(txt);
                var tip = document.getElementById("tip");
                if (txt.length > 0) {
                    var Json_obj = eval("(" + txt + ")");
                    tip.innerHTML = "";
                    for (var i = 0; i < Json_obj.length; i++) {
                        tip.innerHTML = tip.innerHTML +
                            " 族名称: " + Json_obj[i].族名称 + "<br />" +
                            " 类型名称: " + Json_obj[i].类型名称 + "<br />";
                    }
                }
                else
                    tip.innerHTML = " 没有数据 .";
            }
        }
    }}


    //ajax.asp 文件
    <!--#include file="conn.asp"-->
    <%
    id = VbsUnEscape(request.querystring("id"))
    sql="p_getlxid " + id
    set rs=Server.CreateObject("ADODB.recordset")
    rs.Open sql,conn,1,1
    str=" ["
    do until rs.EOF
```

```
        str=str & "{"
        for each x in rs.Fields
            str=str & x.name & ":'" & x.value & "',"
        next
        str= left(str,len(str)-1) +"},"
        rs.MoveNext
loop
if str<>" [" then
        str= left(str,len(str)-1) +"]"
else
        str = ""
end if
response.write(VbsEscape(str))
rs.close
conn.close

'--- 与 javascript 中的 escape() 等效
Function VbsEscape(str)
    dim i,s,c,a
    s=""
    For i=1 to Len(str)
        c=Mid(str,i,1)
        a=ASCW(c)
        If (a>=48 and a<=57) or (a>=65 and a<=90) or (a>=97 and a<=122) Then
            s = s & c
        ElseIf InStr("@*_+-./",c)>0 Then
            s = s & c
        ElseIf a>0 and a<16 Then
            s = s & "%0" & Hex(a)
        ElseIf a>=16 and a<256 Then
            s = s & "%" & Hex(a)
        Else
            s = s & "%u" & Hex(a)
        End If
    Next
    VbsEscape=s
End Function

'--- 与 javascript 中的 unescape() 等效
Function VbsUnEscape(str)
    Dim x
    x=InStr(str,"%")
    Do While x>0
        VbsUnEscape=VbsUnEscape&Mid(str,1,x-1)
        If LCase(Mid(str,x+1,1))="u" Then
            VbsUnEscape=VbsUnEscape&ChrW(CLng("&H"&Mid(str,x+2,4)))
            str=Mid(str,x+6)
        Else
            VbsUnEscape=VbsUnEscape&Chr(CLng("&H"&Mid(str,x+1,2)))
```

```
                     str=Mid(str,x+3)
            End If
            x=InStr(str,"%")
      Loop
      VbsUnEscape=VbsUnEscape&str
End Function
%>
```

在 ajax.asp 页面文件中，请注意两个关键问题：一是使用了 p_getlxid 存储过程来接收子类 ID，并返回 JSON 格式的子类信息，用于前端显示；二是定义了两个函数 VbsEscape 和 VbsUnEscape，这两个函数是与 Javascript 中的 escape 和 unescape 函数完全等效的，用于解决乱码问题。

6.1.3 数据处理

数据处理主要解决前端传入的子类 ID 在数据库的遍历问题，由于无法判断传入的 ID 所对应的部件类型，程序必须在所有的数据表中查找该 ID，然后根据对应的数据表来查找相关的子类名称、类型 ID、族名称等相关信息。

1．查找所有的数据表

通过系统表 sys.sysobjects 可以查找到所有的用户表，依此可先建立一个临时视图"v_设备表"，SQL 语句如下：

```sql
SELECT LEFT(name, LEN(name) - 2) AS 名称 FROM (SELECT name FROM sys.sysobjects
WHERE (xtype = 'U') AND (name LIKE '%类型')) AS t
```

Revit 为每一种部件都对应地建立了一张类型表，比如设备表"门"会对应一张类型表"门类型"，正是基于这种关系，我们确定了所有的设备表。

2．创建包含所有子类 ID 的临时表

仅查找出所有的设备表并不能解决子类 ID 到设备表的对应关系问题，还需要知道某个特定的子类 ID 存储在哪张设备表中，我们通过一个存储过程 [p_set_allid] 来解决，它最终会创建一张包含所有子类 ID 的临时数据表 [t_allid]，SQL 语句如下：

```sql
create proc [dbo].[p_set_allid] as
BEGIN
    if exists (select * from dbo.sysobjects where id = object_id(N'[dbo].
[t_allid]') and OBJECTPROPERTY(id, N'IsUserTable') = 1)
        drop table [dbo].[t_allid]
    create table t_allid (id int, 类型id int, 表 varchar(100))

    declare @tname varchar(255)
    declare @id int
    declare @lxid int
    declare @str nvarchar(2000)
    declare a cursor for select 名称 from v_设备表
    open a
    fetch a into @tname
    while @@fetch_status=0
```

```
        begin
            set @str='insert into t_allid select ID,类型id,''' + @tname +'''
from ' + @tname
            exec sp_executesql @str
            fetch a into @tname
        end
        close a
        DEALLOCATE a
        select * from t_allid
    END
```

3．解决基于子类 ID 的数据查询问题

临时表 [t_allid] 中保持了所有子类 ID 及其类型 ID、设备表之间的对应关系，接下来便可以用它进行数据查询了。我们用另一个存储过程 [p_getlxid] 来完成数据查询工作，该存储过程也就是 ajax.asp 文件中用到的存储过程，SQL 语句如下：

```
create procedure [dbo].[p_getlxid]
@id int
as
begin
    declare @str varchar(1000)
    declare @tname varchar(255)
    declare @id1 int
    declare @lxid int
    select @id1=id,@lxid=类型id,@tname=表 from t_allid where id=@id
    set @str='select * from '+@tname+'类型 where id='+ str(@lxid)
    EXEC(@str)
end
```

该存储过程输入子类 ID，输出子类的类别信息，比如族名称、类型名称等。

4．其他数据查询

（1）子类数据查询：

```
create procedure [dbo].[p_getid]
@id int
as
begin
    declare @str varchar(1000)
    declare @tname varchar(255)
    declare @id1 int
    declare @lxid int
    select @id1=id,@lxid=类型id,@tname=表 from t_allid where id=@id
    set @str='select * from '+@tname+' where id='+ str(@id1)
    EXEC(@str)
end
```

（2）获取所有同类设备：

```
create procedure [dbo].[p_getlxid_all]
@id int
```

```
as
begin
    declare @str varchar(1000)
    declare @tname varchar(255)
    declare @id1 int
    declare @lxid int
    select @id1=id,@lxid=类型id,@tname=表 from t_allid where id=@id
    set @str='select * from '+@tname+' where 类型id='+ str(@lxid)
    EXEC(@str)
end
```

（3）获取模型中所有的设备类别及其数量：

```
create  proc [dbo].[p_getlx_num] as
BEGIN
    if exists (select * from dbo.sysobjects where id = object_id(N'[dbo].[t_
lx_num]') and OBJECTPROPERTY(id, N'IsUserTable') = 1)
        drop table [dbo].[t_lx_num]
    create table t_lx_num (族名称 varchar(200),类型名称 varchar(200),数量 int)
    declare @tname varchar(255)
    declare @sl int
    declare @lxid int
    declare @zmc varchar(200)
    declare @str nvarchar(2000)
    declare a cursor for select 类型id,表+'类型' as 类型表,count(*)
as 数量 from t_allid group by 类型id,表+'类型'
    open a
    fetch a into @lxid,@tname,@sl
    while @@fetch_status=0
    begin
        set @str='insert into t_lx_num select 族名称,类型名称,' + str(@
sl) +' from ' + @tname + ' where id= ' + str(@lxid)
        exec sp_executesql @str
        fetch a into @lxid,@tname,@sl
    end
    close a
    DEALLOCATE a
    select * from t_lx_num order by 族名称,类型名称
END
```

6.1.4 系统实现

系统实现部分主要解决如何调用上述功能模块的问题，包含首页、数据库连接、设备详细信息显示三部分。

1. 首页——index.asp

```
<html>
<head>
<title>BIM 信息管理系统</title>
<meta http-equiv="Content-Type" content="text/html; charset=utf-8" />
```

```
    <script src="libs/Three.js"></script>
    <script src="libs/jquery-1.6.4.js"></script>
    <script src="libs/jquery.mousewheel.js"></script>
    <script src="libs/RequestAnimationFrame.js"></script>
    <script src="sim/sim.js"></script>
    <script src="libs/TrackballControls.js"></script>
    <script src="libs/MTLLoader.js"></script>
    <script src="libs/OBJMTLLoader.js"></script>
    <script src="js/main.js"></script>
    <script>
    var renderer = null;
    var scene = null;
    var camera = null;
    var mesh = null;
    $(document).ready(
        function() {
            var container = document.getElementById("container");
            var app = new App();
            app.init({ container: container });
            app.run();
        }
    );
    </script>
</head>
<body>
<div id="container"></div>
<div id="wrap">
    <p class="title" style="cursor:pointer;">模型信息</p>
    <div id="info">
        <!--#include file="conn.asp"-->
        <%
        sql="select * from t_lx_num order by 族名称,类型名称"
        set rs=Server.CreateObject("ADODB.recordset")
        rs.Open sql,conn
        response.write("<table>")
        if not rs.eof then
            response.write("<tr>")
            for each a in rs.fields
                response.write("<th>"+a.name+"</th>")
            next
            response.write("</tr>")
        end if
        if not rs.eof then
            do while not rs.eof
                response.write("<tr>")
                for each a in rs.fields
                    response.write("<td>" & a &"</td>")
                next
                response.write("</tr>")
```

```
                    rs.movenext
            loop
        end if
        response.write("</table>")
        rs.close
        conn.close
        %>
    </div>
</div>
<div id="wrap2">
    <div id="tip_title"></div>
    <div id="tip"></div>
</div>
</body>
</html>
```

2．数据库连接——conn.asp

```
<%
Set conn=Server.CreateObject("Adodb.Connection")
conn.open "driver={SQL Server};server=localhost;uid=sa;pwd=;database=bim"
%>
```

3．设备详细信息显示——showdetail.asp

```
<html>
<head>
<meta http-equiv="Content-Type" content="text/html; charset=utf-8" />
<title>BIM管理信息系统</title>
<style type="text/css">
table{border-collapse:collapse;width:100%;}
th,td{padding:2px;margin:0px;border:solid 1px #336699;line-height:20px;}
th{background-color:#99ccff;}
</style>
</head>
<body>
<h2>[ 部件 ID]:
<%
id=request.querystring("id")
response.write(id)
%>
</h2>
<!--#include file="conn.asp"-->
<%
sql="p_getid " & id
set rs=Server.CreateObject("ADODB.recordset")
rs.Open sql,conn
response.write("<table>")
if not rs.eof then
    response.write("<tr>")
```

```
        for each a in rs.fields
            response.write("<th>"+a.name+"</th>")
        next
        response.write("</tr>")
    end if
    if not rs.eof then
        do while not rs.eof
            response.write("<tr>")
            for each a in rs.fields
                response.write("<td>" & a &"</td>")
            next
            response.write("</tr>")
            rs.movenext
        loop
    end if
    response.write("</table>")
    rs.close

    response.write("<h2>[类型]:")
    sql="p_getlxid " & id
    set rs=Server.CreateObject("ADODB.recordset")
    rs.Open sql,conn
    response.write(rs("族名称"))
    response.write("</h2>")
    response.write("<table>")
    if not rs.eof then
        response.write("<tr>")
        for each a in rs.fields
            response.write("<th>"+a.name+"</th>")
        next
        response.write("</tr>")
    end if
    if not rs.eof then
        do while not rs.eof
            response.write("<tr>")
            for each a in rs.fields
                response.write("<td>" & a &"</td>")
            next
            response.write("</tr>")
            rs.movenext
        loop
    end if
    response.write("</table>")
    rs.close

    response.write("<h2>所有同类部件</h2>")
    sql="p_getlxid_all " & id
    set rs=Server.CreateObject("ADODB.recordset")
    rs.Open sql,conn
```

```
response.write("<table>")
if not rs.eof then
    response.write("<tr>")
    for each a in rs.fields
        response.write("<th>"+a.name+"</th>")
    next
    response.write("</tr>")
end if
if not rs.eof then
    do while not rs.eof
        response.write("<tr>")
        for each a in rs.fields
            response.write("<td>" & a &"</td>")
        next
        response.write("</tr>")
        rs.movenext
    loop
end if
response.write("</table>")
rs.close
conn.close
%>
</body>
</html>
```

6.2 BIM 服务器中间件技术

至此，对于特定的建筑模型，我们已经能够进行有效地分析和处理，然而如果对于每一个新的模型都去做这些重复的编码工作，工作量会很大，而且代码难以维护，必须要有一些代码重用机制，即中间件技术。本节我们来探讨 BIM 服务器的中间件技术，通过中间件来自动完成模型的分析和处理，程序只需传入模型即可。

理论上的 BIM 服务器应该能够贯穿建筑的全生命周期，从设计到施工再到运维，然而对于 WebGL 来说，在线地修改模型是一项几乎不可能完成的任务，因为 Web 是轻量的，其优势体现在三维展示上，而不是模型编辑。因此，我们重点讨论运维阶段的 BIM 服务器中间件技术，在已有建筑模型的基础上，通过对中间件的封装，为 Web 环境下的 BIM 信息化提供统一接口。

6.2.1 关键问题

作为一个通用的公共类，运维阶段的 BIM 服务器中间件需解决以下关键问题。

1．模型发布问题

对于已有的建筑模型，可通过 Web 将模型上传到 BIM 服务器，系统要能自动完成模型在 Web 端的三维展示，模型发布涉及的关键问题包括：

（1）模型格式问题，不同的建模软件使用不同的模型格式，系统要能自动进行区分。

（2）模型材质问题，建模软件中一般会集成很多材质，如果脱离建模软件的环境，模型会丢失与材质的关联关系，从而影响模型的呈现效果。

（3）模型尺寸自适应问题，模型有大有小，在浏览器上呈现出来时，必须保证以合适的角度、比例、位置来显示模型，不能出现摄像机进入墙体内部或者摄像机距离目标很远等情况。

（4）场景控制问题，要允许用户以某种方式与模型进行交互，而不仅仅是静态呈现。

2．模型分析问题

模型发布后，要能进行自动分析，比如设备识别、数据分析、鼠标事件处理等，模型分析需解决的关键问题包括：

（1）子建筑识别问题，一个完整的建筑模型包含很多的子建筑个体，模型分析就是要通过程序来识别出这些个体，从而实施进一步的模型信息化。

（2）数据库关联问题，模型一般只携带建筑的几何、材质、动画等信息，建筑物的物理、化学、热力学等信息则保持在数据库中，只有将模型和数据库建立起关联关系，才能实施模型的信息化工作。

3．模型信息化问题

模型分析阶段的数据基本上都是建筑设计和施工阶段的数据，在建筑运维阶段，会产生自己的数据，广义来说，只要跟建筑物本身有关的任何信息化系统，都可以和 BIM 系统进行对接，模型信息化需解决的关键问题包括：

（1）数据标准问题，运维阶段的数据千差万别，有些甚至是非关系型的，要实现统一的 BIM 平台，必须要有统一的数据标准。

（2）BIM 与传统 MIS 系统的对接问题，模型信息化不应该是一个独立的系统，通过将模型与数据库关联，BIM 系统要能与传统 MIS 系统的对接。

6.2.2　基于 Obj 模型的中间件

我们以 Obj 格式的模型为例，通过计算模型的最大立方体包围盒，实现模型与场景的自适应，使用第一人称巡游的场景控制方法，支持巡游过程中的碰撞检测，对于鼠标经过的子类，使用纹理变换关键帧动画提示用户，完整的源代码如下：

```
$(document).ready(
    function () {
                                    //global variables
        var maxbox = new THREE.Vector3();
        var minbox = new THREE.Vector3();
        var info;
        var info_camera;
        var camera;
        var clock;
        var control;
        var floor_grid;            // 地板
        var Sky_Box;               // 天空盒
        var Axis;                  // 坐标轴
        var Boxs = [];             // 碰撞盒子
        var BH = [];               // 子类包围盒
```

```javascript
var Scene_size = 5000;        // 默认场景大小

//Button event
$("#Button1").bind("click", function () {
    if ($.trim($("#Button1").val()) == "隐藏包围盒") {
        $("#Button1").val("显示包围盒");
        for (var i = 0; i < BH.length; i++)
            BH[i].visible = false;
    }
    else {
        $("#Button1").val("隐藏包围盒");
        for (var i = 0; i < BH.length; i++)
            BH[i].visible = true;
    }
});

$("#Button2").bind("click", function () {
    if ($.trim($("#Button2").val()) == "隐藏坐标轴") {
        $("#Button2").val("显示坐标轴");
        Axis.setVisible(false);
    }
    else {
        $("#Button2").val("隐藏坐标轴");
        Axis.setVisible(true);
    }
});

$("#Button3").bind("click", function () {
    if ($.trim($("#Button3").val()) == "隐藏地板") {
        $("#Button3").val("显示地板");
        floor_grid.setVisible(false);
    }
    else {
        $("#Button3").val("隐藏地板");
        floor_grid.setVisible(true);
    }
});

$("#Button4").bind("click", function () {
    if ($.trim($("#Button4").val()) == "隐藏天空盒") {
        $("#Button4").val("显示天空盒");
        Sky_Box.setVisible(false);
    }
    else {
        $("#Button4").val("隐藏天空盒");
        Sky_Box.setVisible(true);
    }
});
```

```
//===App 类===
App = function () { Sim.App.call(this); }
App.prototype = new Sim.App();
App.prototype.init = function (param) {

    Sim.App.prototype.init.call(this, param);
    this.scene.add(new THREE.AmbientLight(0x999999));
    var light = 0x505050;
    var directionalLight = new THREE.DirectionalLight(light);
    directionalLight.position.set(1000, 1000, 1000).normalize();
    this.scene.add(directionalLight);
    var directionalLight = new THREE.DirectionalLight(light);
    directionalLight.position.set(-1000, 1000, 1000).normalize();
    this.scene.add(directionalLight);
    var directionalLight = new THREE.DirectionalLight(light);
    directionalLight.position.set(1000, 1000, -1000).normalize();
    this.scene.add(directionalLight);
    var directionalLight = new THREE.DirectionalLight(light);
    directionalLight.position.set(-1000, 1000, -1000).normalize();
    this.scene.add(directionalLight);

    // 坐标轴
    var axis = new AxisHelper();
    axis.init(Scene_size, false);
    this.addObject(axis);
    Axis = axis;

    // 地板
    var floor = new FloorHelper();
    floor.init(Scene_size * 2, 5, -0.7);
    this.addObject(floor);
    floor_grid = floor;

    // 天空盒
    var skybox = new SkyBox();
    skybox.init(Scene_size);
    this.addObject(skybox);
    Sky_Box = skybox;

    var obj = new Obj();
    obj.init();
    this.addObject(obj);

    clock = new THREE.Clock();
    camera = this.camera;
    controls = new THREE.FirstPersonControls(this.camera);
    controls.movementSpeed = 50;
    controls.lookSpeed = 0.03;
    controls.activeLook = true;
```

```
        controls.lookVertical = false;
        controls.lon = -90;
        this.focus();
}

App.prototype.testcollision = function (){
    var val = false;
    var pos = new THREE.Vector3();
    pos = this.camera.position.clone();  // 摄像机位置
    for (var i = 0; i < Boxs.length; i++) {
        var box = new THREE.Box3();
        box.setFromObject(Boxs[i]);
        if (box.empty()) return;
        var min = box.min;
        var max = box.max;

        // 盒子 X、Y、Z 三条边长
        var len_x = (max.x - min.x) / 2;
        var len_y = (max.y - min.y) / 2;
        var len_z = (max.z - min.z) / 2;

        // 处理面片问题
        var ll = controls.movementSpeed / 60;
        if (len_x <= ll) len_x = ll;
        if (len_y <= ll) len_y = ll;
        if (len_z <= ll) len_z = ll;

        // 盒子坐标，矩形中心
        var p = new THREE.Vector3();
        p.x = (max.x + min.x) / 2;
        p.y = (max.y + min.y) / 2;
        p.z = (max.z + min.z) / 2;

        var px = Math.abs(pos.x - p.x) - 0.1;
        var py = Math.abs(pos.y - p.y) - 0.1;
        var pz = Math.abs(pos.z - p.z) - 0.1;

        if (px <= len_x && py <= len_y && pz <= len_z) {
            val = true;
            Boxs[i].material.emissive.setHex(0xff0000);
        }
    }
    return val;
}
App.prototype.update = function () {
    Sky_Box.object3D.rotation.y += 0.0005;
    var oldpos = new THREE.Vector3();
    oldpos = this.camera.position.clone();
    for (var i = 0; i < Boxs.length; i++)
```

```
                        Boxs[i].material.emissive.setHex(0x000000);
        var delta = clock.getDelta();
        controls.update(delta);
        var newpos = new THREE.Vector3();
        newpos = this.camera.position.clone();
        var px = newpos.x - oldpos.x;
        var py = newpos.y - oldpos.y;
        var pz = newpos.z - oldpos.z;
        if (this.testcollision()) {
            this.camera.position.x -= px;
            this.camera.position.y -= py;
            this.camera.position.z -= pz;
        }
        if (newpos.distanceTo(new THREE.Vector3(0, 0, 0))>Scene_size * 0.95){
            this.camera.position.x -= px;
            this.camera.position.y -= py;
            this.camera.position.z -= pz;
        }
        if (newpos.y < floor_grid.object3D.position.y)
            this.camera.position.y -= py;
        Sim.App.prototype.update.call(this);
}


//=== 对象类 ===
Obj = function () { Sim.Object.call(this); }
Obj.prototype = new Sim.Object();
Obj.prototype.init = function (){
    var ObjGroup = new THREE.Object3D();
    this.setObject3D(ObjGroup);
    var that = this;
    var loader = new THREE.OBJMTLLoader();
    var onProgress = function (xhr) {
        if (xhr.lengthComputable) {
            var percentComplete = xhr.loaded / xhr.total * 100;
        }
    };
    var onError = function (xhr) {
    };

    loader.load(model_obj.obj, model_obj.mtl, function (object) {
        object.traverse(function (obj) { that.createmodel(obj); });
    }, onProgress, onError);
}


Obj.prototype.createmodel = function (box) {
    var app = this.getApp();
    if (box instanceof THREE.Mesh) {
        // 复制子模型
        var mesh = new MeshBox();
```

```
        var m = new THREE.Mesh();
        m = box.clone();
        m.geometry.computeBoundingBox();
        m.material.transparent = true;              // 允许透明度动画
        if (m.material.map != null) {               // 允许纹理动画
            m.material.map.wrapS = true;
            m.material.map.wrapT = true;
        }
        // 碰撞盒
        Boxs.push(m);
        // 包围盒
        var bh = new THREE.BoxHelper(m);
        bh.visible = false;
        this.object3D.add(bh);
        BH.push(bh);
        mesh.init(m);
        mesh.name = box.geometry.id;
        app.addObject(mesh);
        // 修改摄像机的位置、速度和地板位置
        var x, y, z;
        x = m.geometry.boundingBox.max.x;
        y = m.geometry.boundingBox.max.y;
        z = m.geometry.boundingBox.max.z;
        if (maxbox.x < x) maxbox.x = x;
        if (maxbox.y < y) maxbox.y = y;
        if (maxbox.z < z) maxbox.z = z;
        x = m.geometry.boundingBox.min.x;
        y = m.geometry.boundingBox.min.y;
        z = m.geometry.boundingBox.min.z;
        if (minbox.x > x) minbox.x = x;
        if (minbox.y > y) minbox.y = y;
        if (minbox.z > z) minbox.z = z;
        var max_z = maxbox.z * 5;
        if (max_z > Scene_size * 0.95) max_z = Scene_size * 0.95;

        camera.position.set(0, (minbox.y + maxbox.y) / 2, max_z);
        controls.movementSpeed = maxbox.z;
        floor_grid.object3D.position.y = minbox.y;
    }
}


Obj.prototype.update = function () {
    Sim.Object.prototype.update.call(this);
}


//=== 模型子类 ===
MeshBox = function () { Sim.Object.call(this); }
MeshBox.prototype = new Sim.Object();
MeshBox.prototype.init = function (box) {
```

```
                this.setObject3D(box);
                this.name = "";
                this.ani = false;
                this.mouse_move = false;
                this.ani_y = (box.geometry.boundingBox.max.y - box.geometry.
boundingBox.min.y) / 4;
                this.PositionValues = [{ y: 0 }, { y: this.ani_y }, { y: 0}];
                this.animator = new Sim.KeyFrameAnimator;
                this.animator.init({
                    interps:
                        [
                        {keys: MeshBox.Keys, values: MeshBox.EmissiveValues,
target: this.object3D.material.emissive },
                        ],
                    loop: true,
                    duration: 500
                });
                this.addChild(this.animator);
            }

        MeshBox.prototype.update = function () {
            Sim.Object.prototype.update.call(this);
        }

        MeshBox.prototype.handleMouseOver = function (x, y) {
            this.overCursor = 'pointer';
            this.ani = true;
            this.animate();
        }

        MeshBox.prototype.handleMouseOut = function (x, y){
            this.ani = false;
            this.animate();
        }

        MeshBox.prototype.handleMouseMove = function (x, y) {
            this.mouse_move = true;
        }

        MeshBox.prototype.handleMouseDown = function (x, y, hitPoint, normal){
            this.mouse_move = false;
        }

        MeshBox.prototype.handleMouseUp = function (x, y, position){
            if (this.mouse_move == false) {
                window.open("detail.aspx");
            }
        }
```

```
            MeshBox.prototype.animate = function () {
                if (this.ani == true)
                    this.animator.start();
                else
                    this.animator.stop();
            }

            MeshBox.Keys = [0, 0.5, 1];
            MeshBox.EmissiveValues = [{ r: 1, g: 1, b: 0 }, { r: 1, g: 0, b:
0 }, { r: 1, g: 1, b: 0}];          // 颜色动画
            MeshBox.OpacityValues = [{ opacity: 1 }, { opacity: 0 }, { opacity: 1}];
                                     // 透明度动画
            MeshBox.TextureValues = [{ y: 0 }, { y: 0.5 }, { y: 1}];
            MeshBox.PositionValues = [{ y: 0 }, { y: 2 }, { y: 0}];
            MeshBox.RotationValues = [{ y: 0 }, { y: Math.PI }, { y: 0}];
        }
    );
```

这段代码将模型分析、场景巡游、碰撞检测等功能进行了封装，并对场景大小、巡游速度等参数进行了自适应设定，可在其他页面程序中直接调用，输入参数为 JSON 格式的变量 model_obj，包含两个属性 obj 和 mtl，分别代表模型文件和材质文件。

这段程序并非完全去耦合的，其中按钮的事件处理程序部分需要与页面程序相配合才能工作，在具体的项目实施过程中，可按情况修改或直接删除；另外，使用本书介绍的 JavaScript 加密方法对本程序进行加密，能起到一定的保密效果。

6.3　UBSP 系统

BIM 服务器的部署面临一些技术难题，必须由专业人员来完成，然而大多数的普通用户其实更关心是最终的应用效果，他们并不在乎底层的技术细节，也很可能没有相应的技术人员。因此，部署一个统一的 BIM 服务器平台来提供公共的 BIM 服务，是一种很好的策略，用户只需上传模型即可得到相应的 BIM 服务，UBSP（Unifed Bim Server Platform，统一 BIM 服务器平台）系统的设计正是基于这种考量。

UBSP 通过授权机制为用户提供 BIM 服务，用户只需上传模型即可，不用关心技术问题，实施 UBSP 平台的关键因素是中间件技术。

UBSP 系统的设计要点包括：

- 满足 BIM 运维阶段的信息化管理需求。
- 实施用户分级策略，级别不同，权限和支持的模型数量也不同。
- 每种功能对应一种中间件，并依此为用户授权。
- 使用统一的数据库，支持分类查询。

6.3.1　中间件设计

UBSP 系统共设计了 3 种中间件，如表 6-1 所示。

表 6-1   UBSP 系统中间件

序号	名　称	级别	功 能 描 述
1	模型浏览	0	允许用户通过第一人称视角进行场景漫游
2	模型拆解	1	包含"模型浏览"的所有功能，并允许用户通过单击模型子类的方式对模型进行拆解
3	模型信息化	2	包含"模型拆解"的所有功能，并允许用户通过单击模型子类的方式对模型进行信息化管理

6.3.2   数据库设计

　　UBSP 系统被设计为一个提供公共 BIM 服务的平台，在数据库层面上，所有模型的信息数据将被保存到同一张数据表（T_Model_Info）中，它们具有相同的结构，尽管这会损失一些特有的结构化数据，但却可以保证系统的通用性，表结构如表 6-2 所示。

表 6-2   T_Model_Info 的表结构

字 段 名	字 段 类 型	备　注
ID	Int,identity(1,1)	主键
Model_ID	Int	模型 id
Sub_ID	Int	子类 id
M_time	Datetime	修改时间
M_name	Varchar(50)	名称
M_value	Varchar(200)	内容
M_desc	Text	备注

　　这样的设计为信息化管理提供了一定的可扩展性，M_name 和 M_value 字段可由用户自由定义，同时还能根据名称、时间、模型 id 等字段进行分类查询。

　　除此之外，还有两张表 T_Models 和 T_Users，分别用于保存模型信息和用户信息，如表 6-3 和表 6-4 所示。

表 6-3   T_Models 的表结构

字 段 名	字 段 类 型	备　注
Model_ID	Int,identity(1,1)	模型 id，主键
User_name	Varchar(50)	模型拥有者
Model_name	Varchar(50)	模型文件名
Material_name	Varchar(50)	材质文件名
Model_desc	Varchar(200)	模型描述

表 6-4   T_Users 的表结构

字 段 名	字 段 类 型	备　注
User_name	Varchar(50)	用户名，主键
User_pass	Varchar(50)	密码
User_desc	Varchar(50)	用户描述
User_level	Int	用户级别
Model_limit	Int	模型数量限制
Last_ip	Varchar(50)	最后登录 IP
Last_time	Datetime	最后登录时间
Login_count	Int	登录次数

数据库如何与模型关联呢？最关键的问题是 Sub_id 字段如何与模型子类建立关联关系，Three.js 引擎在解析模型文件时会为每一个子类顺序分配一个 geometryid，程序可直接引用该参数，比如：mesh.name = box.geometry.id;。

6.3.3　用户面板

用户层面上主要的问题是界面，其中登录界面如图 6-4 所示，管理界面如图 6-5 所示。在管理界面中，用户可上传模型、材质以及对应的贴图文件。

图 6-4　UBSP 系统登录界面　　　　　图 6-5　UBSP 系统管理界面

6.3.4　UBSP 系统主界面

UBSP 系统主界面如图 6-6 所示，根据用户级别的不同，权限也不同，比如对于级别 2 的用户，可以进行模型的信息化管理，如图 6-7 所示。

图 6-6　UBSP 系统主界面

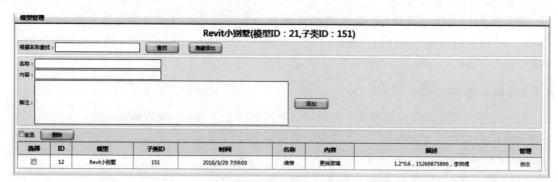

图 6-7　模型信息化管理界面

6.3.5　开发环境与关键代码

UBSP 系统的开发环境为 SQL Server 2008 数据库 + IIS 7.0 + ASP.NET 4.0；客户端测试环境为 Intel Core 2 双核 CPU、2G 内存、NVIDIA GeForce 9400 GT 显卡；建模软件为 Revit 2014 中文版、3ds Max 2010 中文版。

与现有的基于 B/S 结构的 BIM 服务器相比，UBSP 系统的最大亮点是其通用性，用户只需在平台上注册用户即可获得模型信息化服务，无须定制，使用方便，节约成本。

UBSP 并不提供建模功能，它只是提供模型分析和信息化服务，因此，UBSP 系统适用于模型运维阶段，系统首页的代码如下：

1．网页部分——default.aspx

```
<%@ Page Language="C#" AutoEventWireup="true" CodeFile="Default.aspx.cs"
Inherits="_Default" %>
<!DOCTYPE html PUBLIC "-//W3C//DTD XHTML 1.0 Transitional//EN" "http://
www.w3.org/TR/xhtml1/DTD/xhtml1-transitional.dtd">
<html xmlns="http://www.w3.org/1999/xhtml">
<head id="Head1" runat="server">
<title>统一 BIM 服务器管理平台 </title>
    <meta http-equiv="Content-Type" content="text/html; charset=utf-8" />
    <meta name="viewport" content="width=device-width, user-scalable=no,
minimum-scale=1.0, maximum-scale=1.0" />
    <link type="text/css" href="css/main.css" rel="stylesheet" />
    <script src="libs/Three.min.js" type="text/javascript"></script>
    <script src="libs/jquery-1.6.4.js" type="text/javascript"></script>
    <script src="libs/jquery.mousewheel.js" type="text/javascript"></script>
    <script src="libs/RequestAnimationFrame.js" type="text/javascript"></script>
    <script src="libs/dat.gui.min.js" type="text/javascript"></script>
    <script src="sim/sim.js" type="text/javascript"></script>
    <script src="sim/animation.js" type="text/javascript"></script>
    <script src="libs/MTLLoader.js" type="text/javascript"></script>
    <script src="libs/OBJMTLLoader.js" type="text/javascript"></script>
    <script src="libs/FirstPersonControls.js" type="text/javascript"></script>
    <script src="libs/base64.js" type="text/javascript"></script>
    <script src="libs_zhh/AxisHelper.js" type="text/javascript"></script>
    <script src="libs_zhh/GridHelper.js" type="text/javascript"></script>
```

```html
<script src="libs_zhh/FloorHelper.js" type="text/javascript"></script>
<script src="libs_zhh/SkyBox.js" type="text/javascript"></script>
<script src="js_bim/obj-cruise.js" type="text/javascript"></script>
<script type="text/javascript">
    function spand(obj) { $("#" + obj).slideToggle(200); }
</script>
<script type="text/javascript">
    var renderer = null;
    var scene = null;
    var camera = null;
    var mesh = null;
    $(document).ready(
    function () {
        var div_info = document.getElementById("model_info");
        div_info.innerHTML = model_desc;
        var container = document.getElementById("container");
        var app = new App();
        app.init({ container: container });
        app.run();
    }
    );
</script>
</head>
<body>
    <form id="form1" runat="server">
<div id="container" style="width:100%; height:100%; overflow:hidden;
position:absolute; background-color:#000000"></div>
<div id="model_info"></div>
<div id="logo"><img src="images/logo.png" alt="" /></div>
<div id="wrap">
    <p class="title" onclick="spand('00')">操作提示 </p>
    <div class="tip"  id="00" style="display:none">
        A [ ← ]: 左移 ;<br />
        D [ → ]: 右移 ;<br />
        W [ ↑ ]: 前进 ;<br />
        S [ ↓ ]: 后退 ;<br />
        ESC [Q]: 停止移动 ;<br />
        R: 升高 ; F: 降低
    </div>
    <p class="title" onclick="spand('info')">模型信息 </p>
    <div class="tip" id="info" style="display:none"></div>
    <p class="title" onclick="spand('info_camera')"> 当前位置 </p>
    <div class="tip" id="info_camera" style="display:none"></div>
    <p class="title" onclick="spand('cont')"> 控制面板 </p>
    <div class="tip" id="cont"style="display:none">
        <input type="button" id="Button1" class="button" value=" 显示包围盒 " />
        <input type="button" id="Button2" class="button" value=" 隐藏坐标轴 " />
        <input type="button" id="Button3" class="button" value=" 显示地板 " />
        <input type="button" id="Button4" class="button" value=" 隐藏天空盒 " />
```

```
                <hr size="1" />
                <asp:Button ID="Button7" runat="server" Text=" 拆解模式 "  class="button"
                    oncommand="Button7_Command" />
                <hr size="1" />
                <asp:Button ID="Button5" runat="server" Text=" 进入管理 " class="button"
                    oncommand="Button5_Command" />
                <asp:Button ID="Button6" runat="server" Text=" 退出系统 "  class="button"
                    oncommand="Button6_Command" />
        </div>
        <p class="title" onclick="spand('userinfo')"> 用户信息 </p>
        <div class="tip" id="userinfo" style="display:none">
            用 户 名: <asp:Label ID="Label1" runat="server"></asp:Label> <br />
            用户信息: <asp:Label ID="Label2" runat="server"></asp:Label> <br />
            用户级别: <asp:Label ID="Label3" runat="server"></asp:Label> <br />
            模型限制: <asp:Label ID="Label4" runat="server"></asp:Label>
        </div>
        <p class="title" onclick="spand('mymodel')"> 我的模型 </p>
        <div class="tip" id="mymodel">
            <asp:Repeater ID="Repeater1" runat="server">
                <HeaderTemplate><ul class="square"></HeaderTemplate>
                <ItemTemplate>
                    <li><a href='default.aspx?id=<%#Eval("model_id")%>'><%#
Eval("model_desc")%> </a></li>
                </ItemTemplate>
                <FooterTemplate></ul></FooterTemplate>
            </asp:Repeater>
        </div>
        <p class="title" onclick="spand('sysinfo')"> 关于系统 </p>
        <div class="tip" id="sysinfo" style="display:none">
        <p style="text-align:center;color:#ffff00"> 统一 BIM 服务器平台 </p>
        <p>CopyRight 2016,ZhengHua</p>
        <p> 石家庄铁路职业技术学院  信息工程系 </p>
        <p>Sirtzhh@163.com;QQ:7047052</p>
        <p style="text-align:center;font-weight:bold;color:#ffff00"> 模型要求 </p>
        (1) 总长度小于 5000 米; <br />
        (2) 模型中心置于原点，整体置于水平面之上。
        </div>
    </div>
    <div id="wrap_submodel" style="display:none;">
        <div id="submodel_title"></div>
        <div id="submodel_tip"></div>
    </div>
    </form>
    </body>
    </html>
```

2. 脚本部分——default.aspx.cs

```
using System;
using System.Collections.Generic;
```

```
using System.Linq;
using System.Web;
using System.Web.UI;
using System.Web.UI.WebControls;
using Function;
using sirt.DAL;
using sirt.Model;
public partial class _Default : MyPage
{
    protected void Page_Load(object sender, EventArgs e)
    {
        string username = Session["user_name"].ToString();
        string obj, mtl, desc;

        if (!IsPostBack)
        {
            sirt.Model.T_Users m_u = new sirt.Model.T_Users();
            sirt.DAL.T_Users d_u = new sirt.DAL.T_Users();
            sirt.Model.T_Models m_m = new sirt.Model.T_Models();
            sirt.DAL.T_Models d_m = new sirt.DAL.T_Models();
            int model_id;
            if (Request.QueryString["id"] == null)
            {
                model_id = 0;
            }
            else
                model_id = Int32.Parse(Request.QueryString["id"].ToString());
            if (model_id < 1 || d_m.GetRecordCount("model_id=" + model_id)<1)
            {
                obj = "model_obj/test.obj";        // 演示模型
                mtl = "model_obj/test.mtl";        // 演示模型
                desc = " 演示模型 ";
            }
            else
            {
                m_m = d_m.GetModel(model_id);
                obj = "model_obj/" + username + "/" + m_m.Model_name;
                mtl = "model_obj/" + username + "/" + m_m.Mat_name;
                desc = m_m.Model_desc;
            }
            m_u = d_u.GetModel(username);
            Label1.Text = m_u.User_name;
            Label2.Text = m_u.User_desc;
            Label3.Text = m_u.User_level.ToString();
            Label4.Text = m_u.User_model_limit.ToString();
                Repeater1.DataSource = d_m.GetList(0, "User_name='"+username+"'",
"model_id");
            Repeater1.DataBind();
            Response.Write("<script language=javascript>var model_obj = { obj:
```

```
'" + obj + "', mtl: '" + mtl + "',id:'" + model_id + "' };</script>");
                Response.Write("<script language=javascript>var model_desc =
'" +desc+"';</script>");
        }
    }
    protected void Button5_Command(object sender, CommandEventArgs e)
    {
        Response.Redirect("index.html");
    }
    protected void Button6_Command(object sender, CommandEventArgs e)
    {
        Response.Redirect("login.aspx");
    }
    protected void Button7_Command(object sender, CommandEventArgs e)
    {
        Response.Redirect("default_pull.aspx");
    }
}
```

课后练习

1. 以 Revit 建筑模型为基础，结合传统的 MIS 系统开发过程，将三维模型与 B/S 结构的信息系统融合，构建三维可视化的管理信息系统，突破以文本为主的用户界面，提升数据可视化功能，增强用户体验。

2. 参考 threejs 官网（https://threejs.org/），关注最新的 threejs 版本及其新增功能，根据自己的兴趣，不断探索 WebGL 带来的绚丽世界和全新用户体验。

参 考 文 献

[1] PARISI T．WebGL 入门指南 [M]．郝稼力，译．北京：人民邮电出版社，2013．

[2] 松田浩一．WebGL 编程指南 [M]．北京：电子工业出版社，2014．

[3] DIRKSEN J．Three.js 开发指南 [M]．李鹏程，译．北京：机械工业出版社，2015．

[4] 韩义．Web3D 及 Web 三维可视化新发展：以 WebGL 和 O3D 为例 [J]．科技广场，2010
（5）：81-86．

[5] 赵学伟，沈旭昆，齐越．基于 Web 的交互式三维发布系统 [J]．计算机工程，2007，
33（22）：243-245．

[6] 张建平，余芳强，李丁．面向建筑全生命期的集成 BIM 建模技术研究 [J]．土木建筑工程
信息技术，2012（1）：6-14．

[7] 王珩玮，胡振中，林佳瑞．面向 Web 的 BIM 三维浏览与信息管理 [J]．土木建筑工程信
息技术，2013，5（3）：1-7．

[8] 刘爱华，韩勇，张小垒，等．基于 WebGL 技术的网络三维可视化研究与实现 [J]．地理空
间信息，2012（5）：79-81．

[9] KESSENICH J，BALDWIN D，ROST R．The opengl shading language[M]．Boston：
Addison-Wesley Professional，2010．

[10] CANTOR D．WebGL Beginner's Guide[M]. Birmingham：Packt Publishing，Limited，
2012．